プレイングマネジャーの戦略ノート術

為什麼一流主管都用跨頁週間行事曆？

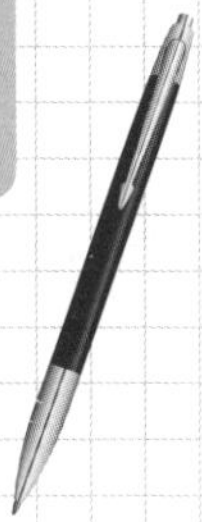

田島弓子——著　邱香凝——譯

目錄

第1章 擺脫瞎忙、提升團隊績效的「混合工具管理術」

第2章

行事曆手冊是卓越工作成效的「指揮塔」

第3章 提振士氣，讓「溝通」更順暢的筆記技巧

第4章 策略發想、釋放壓力，協助忙碌主管的絕佳工具

推薦序

學習優秀主管的工作習慣及思維模式

鄭緯筌

時光飛逝，二〇一七年已經過了一大半。轉眼間，時序已經進入夏天與秋天交替之間，又到了許多文具控和筆記本迷們開始物色新年度手帳的時間了。

就在此刻，我聽到采實出版集團即將引進前微軟日本分公司主管田島弓子，所撰寫的《為什麼一流主管都用跨頁週間行事曆？》一書，感到很高興。雖然未曾謀面，但我對這位作者並不陌生，因為之前就曾拜讀過她的前作，也很欣賞她對職場管理的若干觀點與深刻認知。

更有意思的是，我一拿到本書的書稿，拜讀之後，赫然發現作者的很多觀念和我不謀而合，也深感這是一本兼具操作性和參考性的職場工具書。

這位曾擔任日本微軟業務部長的女性作者，在二〇〇七年自行創立BRAMANTE株式會社，至今屆滿十年，不但是一位成功的創業家，也擁有豐富的管理經驗。她活躍於員工研習、演講、公開研討會與大學課程等活動，也很熱衷跟大家分享職場經驗。

我很認同她在書中提到，可以將手帳視為工作上的指揮塔，這種做法不但可稱為是一種混合型的管理術，也讓我聯想起，另外一位日本作者美崎榮一郎在《成功者的筆記本都記些什麼？》所提到的「母艦筆記本」。兩者的概念雖然有些不同，卻有異曲同工之妙，讀者朋友們可以相互參照，找到自己最喜歡的方式來做記錄。

我也很欣賞作者的一個觀點，那就是別把這本書只視為傳授筆記術的工具書，而是將它看做一本新領域的管理技巧專書。作者想要傳授的不只是提高效率的筆記技巧，更是身為主管所必備的管理意涵與技能，以及如何推動部屬投入工作的訣竅。作者認為工具只是管理觀點的主軸，不能只依賴工具的力量就想達成管理的目的，田島弓子女士也勉勵大家，要善盡主管的職責而本能地採取行動。

我也很喜歡作者在書中所介紹的「用一張A4紙上的五週行事曆管理多項業務」，這個小技巧可以幫助大家，在同時必須進行多項計畫的狀況中，仍可有效掌握整體狀況，卻又不影響任一專案的進度。田島弓子女士提到我們可以切換角度和高度，從更高的視野來俯瞰目前專案的進度，我覺得這是一個很棒的建議。

閱讀《為什麼一流主管都用跨頁週間行事曆？》，讓我再次意識到書寫的重要性，我也同意作者所言，「手寫的力量，就是個人溝通的力量」。

這本書很適合職場人士閱讀，無論是社會新鮮人或中高階主管，都可以透過本書學習到一流優秀主管的工作習慣及思維模式，而這也不啻為作者希冀透過本書所傳遞的價值。

（本文作者為臺灣電子商務創業聯誼會理事長、Vista讀書會發起人）

請親眼確認！

那些平常人人都會使用的
辦公室備品——
筆記本、行事曆手冊、A4影印紙、
便條紙、白板等。

而這本劃時代的書
要教你的是——
改變使用這些工具的方法，
進而改變自己工作的方式，
讓自己從單純的聽命執行者
成為一位傑出的主管。

發揮辦公用具的絕佳功效

跳脫「優秀執行者」的時代吧！

無論是菜鳥還是老手，
大部分的執行主管（Playing Manager）還是習慣沿用自己
當初身為「優秀執行者」時的做事方式。
然而，一個好的執行主管需要做到的是「提高團隊成果」。
為了達到這一點，應該怎麼做才對呢？

	至今		今後
1	一個人努力	↓	帶動周遭的力量
2	重視效率	↓	重視效果
3	一次處理一件事	↓	一次處理多件事
4	按照計畫工作	↓	能夠應付突發狀況

話雖如此，要立刻改變思考習慣或想法並不容易，
這時就輪到平常使用的「辦公用具」上場了。
因為，只要改變「工具用法」，就能改變「工作習慣」！

晉升「頂尖人士」的第一步

辦公用具的使用方式大體檢

為了正確且迅速地完成大量工作，過去執行業務時，你是不是曾用以下方式使用辦公用具？但當上主管之後依然不變的人，就需要多注意了！

1 以三十分鐘為單位，寫得密密麻麻的行事曆

無論是行事曆手冊，還是手機裡的月曆型應用程式，每天都排滿了密密麻麻的行程。這麼一來，將無法應付「突發狀況」。

2 每天都有做不完的「待辦清單」

不管什麼事都想攬到自己身上，一項一項解決掉龐大的待辦清單。這麼一來，不但會忽略你本來應該做的工作，更可能妨礙部下的成長。

3 與人溝通只靠電子郵件

電子郵件確實是快速又符合邏輯的工具，可是如果想帶動周遭的士氣，或是想建立上司與下屬之間的信賴關係，或許不能光靠電子郵件。

一個什麼工作都在自己手上完成的優秀執行者，
對「工具的使用方式」也屬於「自我完結型」。
但成為執行主管後，
必須實踐重要的「三大原則」，學會主管該懂的工具使用方式。

執行主管的祕技

運用工具實踐三大原則

想養成優秀執行主管的工作習慣、提高整個團隊的工作成果，必須遵守以下三大原則，讓我們一一看下去吧。

1 刻意在行事曆上「留白」

無論使用行事曆手冊或月曆，都要提醒自己：「刻意留下空白的時間」。如此一來，遇到突發狀況或部下捅婁子時才能立刻因應，這才是執行主管應該做的工作。請為自己留下充裕的時間，從容不迫地對應。

2 隨時掌握「整體狀況」與「現在進度」

對執行主管來說，最重要的是「俯瞰能力」。一邊放眼接下來的發展，一邊做出下一步的決策，同時進行複數工作，不能有絲毫遺漏。為了確實達成，你需要一個能幫助自己「掌握整體狀況」、「綜觀全局」的工具。

3 溝通時，「多一個步驟」

對周遭發揮影響力，讓部下動手做，這才是執行主管的工作。為此，不厭其煩地進行溝通的重要性更是毋庸置疑。不過，不必花太多時間，只要用點心，「多一個步驟」就能將團隊的表現提升到最大限度。

❶ 待辦清單以一星期為單位

重點是不要安排太多待辦事項，並且為「每天的待辦清單」留下充裕的時間。以一星期為單位規劃待辦清單，只要在一星期內完成所有待辦事項即可。以這種彈性方式執行工作。

❷ 俯瞰白板與A4影印紙

將整體狀況寫在大片空白處，就能看得更清楚。「寫下來」的同時，也在腦中整理了一遍。一邊俯瞰整體，一邊確認「現在該做的事」。看清大局，有助屏除不安焦慮、減輕壓力，好處多多。

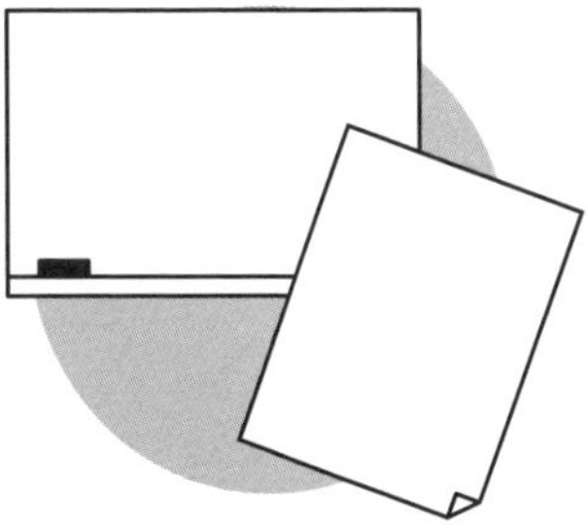

❸ 以「手寫」方式加上提點

在便條紙或A4影印紙上寫下「留言」。光是多這個小步驟，就能顯著提升溝通成效。以手寫方式加上一句「請一定要看！」或「謝謝你」等留言，就能提升團隊成員士氣。

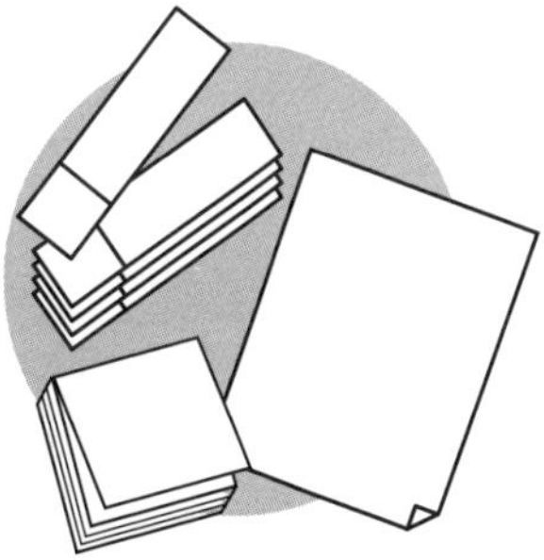

※具體方法請見本書內文！

前言

新時代主管的工作革命，就在傳統類比工具中！

主管困境——數不清的會議、雜事及善後

某天凌晨三點，我收到一封電子郵件。那是一位剛當上部長的A先生寄來的，郵件標題是「想請教您一件事」。

我心想這麼晚了究竟有什麼要緊事呢？打開郵件一看，裡面寫著他當上主管職後面臨的兩難。

「當上部長三個月了，每天都和做不完的工作搏鬥，累得筋疲力盡。白天被數不清的會議追著跑，還得為部下收拾殘局；到了傍晚才能回座位處理自己的電子郵件，整理筆記和堆積如山的文件。好不容易有時間做自己的工作時，已經是晚上了。

原本必須多學習部長該做的工作，卻被日常瑣碎的雜事拖垮，自己也沒有辦法成長，不由得感到著急。

當我還是下屬的時候，如果對上司或同事有所不滿，還可以抱怨發洩，但現在成為主管了，只有為別人解決煩惱的分，自己的壓力卻沒有任何宣洩管道。

請問田島小姐，有什麼方法可以脫離這樣的狀況嗎？」

●傳統類比型工具，新時代的管理使用法

執行主管最重要的任務是——團隊成果的最大化！培育部屬，帶領團隊做出一番成績。然而，同時身為執行者的自己，也必須兼顧自己手頭執行的工作，達成魚與熊掌兼得的兩全。而為此所需的具體溝通方式，我都統整在二〇一〇年初版的拙作《執行主管的教科書》（暫譯）中了。

拜各位讀者所賜，這本書現在已經再版，成為許多執行主管都讀過的暢銷書。我也因此在不少為管理職舉辦的研習上，獲得直接與執行主管們交談討論的機會。

很多執行主管都曾說過和前文案例中的A部長一樣的話，可以歸納出以下內容：

1. 不管怎麼做，工作就是做不完。
2. 完全沒有自己的時間。
3. 始終處於壓力下。

幾乎都不脫這三種惡性循環。在本書中，我將為各位執行主管們介紹可有效達成以下目標的絕佳方法。

- 活用有限的時間。
- 整合團隊，帶領部下達到目標。
- 管理沒完沒了的主管工作。
- 同時管理自己該做的工作與情緒。

過去，擔任日本微軟（ＭＳＪ）的業務部長時，無論是帶領的團隊或個人都曾獲得「社長獎」。而當時我用來管理極為忙碌的主管工作與自身工作的工具，其實是最傳統的類比工具。

「管理行程用的是傳統行事曆手冊，工作上則同時運用多本筆記本。」每次我這麼說，往往換來「真沒想到」、「好令人意外」的反應。或許在大家的想像中，微軟公司的部長就應該是「使用最新硬體的數位強者」吧。

當然，數位工具的便利性同樣幫助我許多。此外，在智慧型手機與平板電腦問世後，數位環境起了天翻地覆的變化，數位硬體也從原本只依靠電腦的時代得到強化，這些好處都是不容反駁的。

即使如此，我還是這麼認為——對執行主管而言，**行事曆手冊或筆記本這類「傳統類比」工具依然不可或缺**。

不，正因為是執行主管，所以光靠數位工具絕對不夠。數位工具當然是必要的東西，然而在這個大前提下，執行主管若想持續拿出工作成果，就要有其他輔助工具。

混合型工作術，擺脫追趕的工作、提升團隊成效

「傳統類比型工作術」之所以對執行主管有效，原因在於，站在主管的角度時，傳統類比工具能將管理工作提高一到兩個等級。

除了使用數位工具「有效率」而「一元化」地處理工作外，若能加上傳統類比方式「深化」及「多元化」的工作內容，就能完成更高層次的混合型工作術。

為了達到這個目的，可使用以下用具：

- A5大小的行事曆手冊。
- 白紙或筆記本。
- 白板。
- 便條紙。

站在管理者的立場，徹底善用公司常見的傳統類比文具或備品，可說是工作上重要的「祕密王牌」。

執行主管的「工作成績」等同於「團隊成績」，因此執行主管必須管理部屬，整合團隊才行。

只要是「中階」主管，就必須負起聯繫手下團隊與頭頂上司的責任。除此之外，與其他部門的橫向聯繫也是重要的工作。身為一位執行主管，工作內容一定是多元化的，而工作上所接觸到的人也是多樣化，如此一來，管理業務就會變得更複雜。

在這樣的狀況下，我深深體會到的是「光靠數位工具絕對無法做好管理工作」，這是我個人真實的感覺，亦是結論。

為什麼這麼說呢？

因為我認為管理工作必須讓周遭的人動手做，如此一來，才能做出成果。這是一份透過傳統類比型工具，在數位資訊中注入生命力的工作，講求的是細心與敏感。

為了在這份工作上追求極致，本書將焦點集中在筆記本、行事曆手冊等隨處可見的類比工具上。使用行事曆手冊俯瞰工作，利用會議室白板開一人戰略會議，善用便條紙與部下進行溝通……詳細手法請見書中內容，每一種方法都十分簡單，只要不忘提醒自己行動，立刻就能實踐。

一本筆記本或行事曆手冊將成為你的指揮塔、你的指導教練，以及你的諮詢專家。執行主管面對的許多課題與問題，內心懷抱的孤獨、不安，甚至是壓力，都能靠這些傳統類比工具解決。

本身就是傳統類比派的人閱讀本書時，不妨在自己原有的使用方式上，加入從「管理者觀點」出發的念頭；另一方面，打從出生就浸淫在數位環境中的年輕主管們，則不妨站在「提高管理技巧」的觀點，來看待這些傳統工具，相信一定能從中發現新的可能性。

筆記本、行事曆手冊、便條紙、A4影印紙、白板……這些都是平常未經深思而使用著的工具，但只要改變使用方式，就能自然地從單純的執行者變成傑出的主管，養成主管該有的工作方式。

當你培養出新的行動習慣後，身為執行主管的技能也將淬鍊提升。就結果來說，等於培育了主管職該有的心態。

無論工作或人生，深切感受到「自己正在成長」的做法都是一樣的。

如果你迫不及待地想脫離「被工作追趕」的狀態，想擁有掌控自己時間與業務的能力，同時想帶領團隊獲得值得誇耀的工作成果時，就開始嘗試書中的方法吧！

Bramante股份有限公司　田島弓子

二〇一六年十月

第 1 章

擺脫瞎忙、
提升團隊績效的
「混合工具管理術」

新手主管第一步：改變工具的「使用方式」

首先，請大家不要誤會，這本書不是以介紹工具使用方式為目的。這本書介紹的是：**如何站在管理者的觀點，改變使用工具的方式，藉此培養「管理技巧」與「管理者的思考習慣」**。

我經常聽見在第一線艱苦奮戰的執行主管們這麼說：

「讀了『寫給上司們看的書』後，雖然工作時會提醒自己書中要點，但怎麼做都覺得不順利。」

「即使頭腦明白，還是學不會管理者的做事方式。」

對於曾是優秀「執行者」的人們來說，這或許是理所當然的結果。因為個人能力出色，而獲得公司一定程度的評價，升上了主管職位。

像這樣剛當上執行主管的主管界新手，每個人都會遇上一個很大的課題。這個課題就是「如何從優秀的執行者身分畢業」。

■從單打獨鬥轉為團隊行動。
■不是自己行動就好，而是要帶動周遭的力量。

心裡明知這個道理，但每逢月底、期末、年度結算前，看到目標數字仍不足時，許多執行主管還是會忍不住自己跳下來行動，變回過去那個單打獨鬥的執行者。

於是，最後還是用執行者時代的模式在工作。然而，你現在的身分不同了，與從前相比，必須同時進行主管業務，工作表現與生產力自然大幅滑落。因為得在有限的時間中做那麼多事，無論體力或發揮的實力當然有限。

就像一臺推土機般獨自工作的結果，不僅自己筋疲力盡，也無法好好培育部屬，帶領整個團隊做出好成績。

為了避免落入這個下場，你一定要改變工作方式才行。

那麼，該做什麼才能改變呢？

抱持主管心態學習固然重要，我認為更具效果也親身體驗過的，其實是「改變工作習慣」。

具體來說，就是站在管理者的觀點，改變日常「用具」的使用方式。這正是本書的主題。

所謂的「心態」，如果不能經常提醒自己，有時很難持續。可是，本書介紹的「工具使用方式」一旦理解並實行，就能幫助你養成身為執行主管該採取的工作習慣，自然記住個中訣竅。

站在管理者的角度，將每天都會用到的各種「用具」，如行事曆手冊、文件製作、利用便條紙溝通等工具，提高使用的層次，光是如此，你就能從執行者進化為一個管理者。

本章將為讀者說明：改變用具的使用方式，也會改變對工作抱持的態度。

跨入要讓「所有人皆理解」的管理階層

在執行主管的工作中，使用方法與過去大不相同的工具之一，就是管理數字所用的Excel數據。

身為執行者時，Excel同樣是工作上不可或缺的應用程式。每天與上面密密麻麻的業績數字大眼瞪小眼，思考如何達到自己的業績門檻；手持螢光筆，在特別重要的地方作記號；預測達到目標必須經過哪些過程……換句話說，此時的Excel是「自己專用的資訊管理工具」。

然而，等到你成為執行主管後，對Excel的使用方式將大幅轉變。因為，那不再是只為了自己方便的工具，而變成「向團隊傳達資訊」的工具。

不只秀出數字而已，更重要的是怎麼讓團隊成員正確解讀數字背後的意義，思考該用什麼方式貢獻力量，才能達成目標數字。透過Excel完成這一點，才是身為主管職最重要的任務。

為此，上司必須在資料數據旁附上各種補充解說。遇到重點數字時，有時得讓部下知道數字背後的故事，而且為了讓部下理解訂定目標的意義何在，更必須附上幾句說明。這就是我說的「多一道步驟」的溝通。

當我這麼做的時候，深切感受到數位工具的極限。

我們當然可以直接在Excel檔案上插入對話框或圖形後，在框內打上說明文。但是這執行起來其實相當麻煩，字也會變得很小，甚至擠在一起。插入太多對話框又會讓檔案看來紊亂。最糟糕的是，有些部下根本沒注意到那些說明……。

想傳達的資訊量太大，或是想按照事情的重要性區分說明力道時，數位工具在「達到溝通目的」這點上，功能確實不夠完美。

舉例來說，如果想在某個Excel檔上標明「這裡很重要！」的訊息，你會用以下哪個方式告知部屬？

A. 在檔案上插入「！」或「◎」等記號，加粗字體或上色。

B. 把檔案列印出來，用螢光筆在重要處畫線，貼上寫著「重要！」的便利貼。

就我的經驗而言，B的做法更容易看出成效。

該傳遞的訊息，不應只是「一定要達成目標！」這種下達指令型的訊息。當部下拚命推廣業務，好不容易達成目標時，在數位檔案上蓋一個「結案」章，和用便條紙寫一句「恭喜」，哪一種溝通方式更容易帶給部下成就感呢？

不要只是丟出冰冷的數位數據，只要在其中增添一點「用心傳達」的「手繪品味」，就能提升管理者的溝通技巧，最終達到「打動周遭、促成行動、做出成績」的好結果。

圖1 哪個數字更能「精準傳達」？

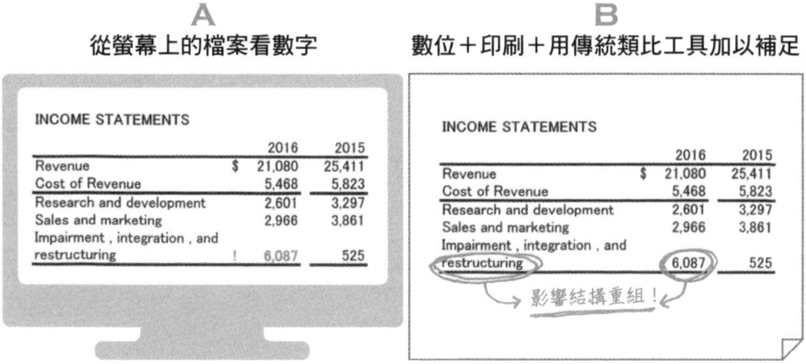

INCOME STATEMENTS		2016	2015
Revenue	$	21,080	25,411
Cost of Revenue		5,468	5,823
Research and development		2,601	3,297
Sales and marketing		2,966	3,861
Impairment , integration , and restructuring		6,087	525

不光是傳達數字，還必須讓部下清楚了解
哪些是特別希望他們注意的地方等「上司的想法」。

一提到「手繪品味」，或許有人誤會得畫上精美的插畫。其實並非如此，只要一句親手寫下的留言，再加上一個圈圈或一朵小花就很足夠。提升自己的「手繪品味」，為資料注入生命力，並不需要特殊天分。重要的是提醒自己，不要忽略了這些小地方。

微軟執行長讓員工心服口服的最大理由

我聽熟悉日本勞基法的人說，只要部下對上司指派的目標有所共鳴，能夠打從心底接受，就能預防大多數的「職權騷擾」（譯注：日製外來語Power Harassment，意指上司藉著職權對下屬施壓的行為）。

然而，一旦部屬不知道「為什麼要做這個」，沒有打從內心接受任務，就無法提高工作動力。尤其是現代的年輕員工們成長於看不清未來的時代，價值觀與經歷過泡沫經濟時代的管理階層大不相同。若是未能察覺部下們的這些特徵，一味秉持自己的價值觀進行溝通，不僅無法促進工作成效，也難以建立上司與下屬的互信關係。

你是不是以為發一封電子郵件交待工作就可以放心了？

身為執行主管應盡的責任本質，往往容易因數位工具的便利性而模糊了焦點，這是很危險的事。

舉個例子，我的老東家微軟公司在很早的階段，就推動了業務數位化的進行。而且它不愧是國際企業，十分懂得如何同時巧妙地運用數位與類比的特性。

微軟在世界各國均設有分公司，不同國家的員工少有機會直接打照面，大多數的交流往來及資訊的共享，只能透過網路和電子郵件。正因如此，我們更懂得「面對面」（Face to Face）的重要性。

比方說，當我還任職於微軟時，公司每年都會舉辦一次集結世界各地同仁的「員工大會」，讓來自全世界的微軟員工齊聚一堂。這麼做的目的，是為了讓所有員工面對面，以這種方式理解公司整體目標與目的，進而產生整體感。

公司會租下巨蛋規模的場地，當時的執行長史蒂芬・巴爾默（Steve Ballmer）則站上主舞臺，像一隻關在籠子裡的熊般四處走動，滿身大汗地發表演說，每次一定會連聲高呼「I love this company!」的口號。員工大會彷彿即時轉播的「Live」會場。

神奇的是，在會場熱烈的氣氛下，來自全世界的員工們也發出「喔！」的叫聲呼應。接著，由各部門的經營幹部發表精心擬定的企劃案，公布正在進行中的最新產品與新技術。

最後一天則舉行盛大宴會，請來知名樂手開一場小型演唱會。花上整整三天時間，舉辦微軟一年一度的大盛事。

將全球員工集結一堂，想必得花上一筆龐大的經費，可見這麼做一定有充分且值得的效果。

在國際企業中，世界各地的員工們無論是語言、價值觀或商業習慣都不相同。因此，無法「面對面」，只能透過數位設備進行的溝通，實在難以做到「交心」。

如此一來，為了讓全體員工都能打從內心認同組織的願景與任務，理解公司為了達成目標，期待員工做什麼樣的努力，以及接受自己的工作成果與世界各地微軟的工作成果是密不可分的事實，透過一年一度的「即時」演出，把「熱情」傳遞給員工的意義便很重大。

原本該是「高不可攀」的執行長史蒂芬．巴爾默，親身在臺上揮汗奔走的模樣，讓我默默地學到許多。

那時的經驗，後來也成為我認為傳統類比工具對執行主管而言，是不可或缺的一大原因。

若無法讓部屬認同眼前的工作，願意為了「達成目標」而行動，上司的指示便無法到位、也沒有意義，更沒辦法帶領團隊做出成績。

「本季目標是〇〇元。」

如果只需要告訴部下這句話，就能讓他們甘心投入工作，那麼，發一封電子郵件就行了吧。

問題是，我們不是機器人，而是感情的動物。

想讓部下動手做出成果，重要的是促使他們主動湧現工作意願並採取行動。這麼做會得到超乎預料的正面成果，我已親身體驗過無數次。

為此，尤其是在這樣的時代，執行主管更應該以宛如現場表演般的「即時」方式與部下互動。我也再次體認到，唯有傳統類比工具才能在這一點上達到最好的效果。

好主管懂得資訊不只能「傳」，還能「達」

在現代人的工作中，「電子郵件」促進了數位化的進展。現代人已經太習慣使用電子郵件了，甚至沒有意識到它也是「數位工具」的一種。然而，執行主管若只因使用方便，而不去深入思考電子郵件的使用方式，那麼別說想要順利推動部屬的工作，甚至有可能造成他們失控的狀況。

對執行主管來說，電子郵件就像水一樣，既能載舟也能覆舟。

「〇〇那個案子，我不是寫E-mail跟你說星期一前要完成嗎？為什麼還沒有完成？怎麼回事？」

在這個案例中，因為自己工作繁忙，以為只要寄一封電子郵件就能放心交辦工作的上司，正在斥責因為看漏了信而沒有完成交辦事項的部下。這是現代職場上常見的一幕。

然而，真要論是非對錯，我認為錯應該出在上司身上。**對部下交辦工作時，要從「發出指示」到「確認完成」**，這才是身為上司應該負的職責。因此，「傳達資訊」不能只有「傳」送，還要確認是否已送「達」。從這個觀點來看，「寄出電子郵件」只不過是將「資訊傳出」就停住了，還沒送「達」部下手中呢。

一樣米養百樣人，部下也有百百種。

如果是從小浸淫在數位環境中的年輕部下，只要傳一封電子郵件給他們，或許就能理解工作內容，完成符合上司期待的結果。我想，這類優秀的部下肯定還是有的。不過，一定也有無法正確讀取上司意圖，或是需要花很長一段時間才能理解的部屬。

此外，更有一種人是「以為自己看懂上司的指示，其實根本不明白」。這種部下不是囫圇吞棗、就是判讀錯誤，難保不會做出離目標相去甚遠的事，結果還是得靠上司出手修正工作軌道。

還有一種叛逆型的部下，他們的想法是「為什麼非得一味聽從上司指示不可，我可不想被他牽著鼻子走」。

部下在身心游刃有餘時，或許能夠從容不迫地讀懂上司指示的內容。然而，若是經常被業績追著跑，處在身心緊繃的狀態下，單方面來自上司的「數位溝通」，對他們來說就像一顆「未爆彈」。結果造成「雖然沒有反駁，但也沒有接受」的後果，不滿的氣氛「燜燒」蔓延至整個團隊，哪天可能就此引爆了。這種事我自己就實際體驗過無數次。

想挽救這種狀況，就要靠傳統類比型的方法來彌補。

比方說，我在團隊會議前，會先列印出之前發給所有人的交辦工作電郵，將其當作會議資料發給每個人。

絕對不希望產生誤會的地方，再用粉紅色螢光筆劃線作記號，或更進一步貼上附加說明的便條紙。一邊說明、一邊觀察每個人的表情，確定他們真的理解並心服口服……實際上，我一直如此執行。

遇到可能誤判指示內容的部屬，我還會另外一對一開會確認。

或許有人會說：「既然如此，一開始就不要發電子郵件，直接開會就好啦？」

不過，如果不留下文字紀錄，會議上討論的內容很容易引起「到底有沒有說過」的糾紛。這種時候，**電子郵件就是一種「留下紀錄」的方法**。

還有，「第一次接手的業務」、「責任重大的計畫」、「容易造成較大心理負擔的業績門檻」……這些對部下來說，都是難度較高的工作。為了提升士氣，在他們著手進行這類工作前，主管若能當面給予建議，比方直接對部下說一句：「有任何問題隨時都能來找我商量。」這對他們來說，一定能成為一劑強心針。

當然也有只要寄出電子郵件就能完成溝通的案例，若就「迅速、同時可進行複數指示、確實傳達」這些觀點來

圖2 列印已寄發的電子郵件，添加一、兩句說明文

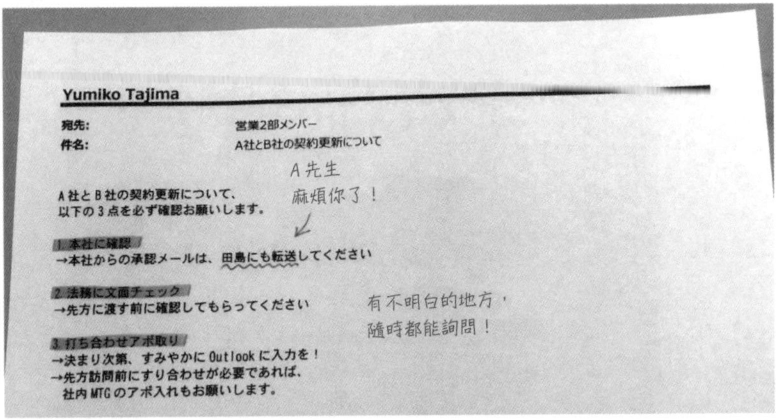

在列印稿上，加上手寫字句。
分別擷取數位與類比的優點，
以「融合兩者優點的溝通方式」協助部下。

看，便利的電子郵件的確是職場上不可或缺的溝通工具。

最重要的是，上司是否確實明白數位溝通的優缺點各在哪裡。理解之後，還要懂得因應狀況區分數位與類比工具，提醒自己學會「兩段式溝通」的技巧。目標是成為能兼顧數位與類比的「混合型主管」。

別用電子郵件傳達「口頭難以說明的事」

按下「寄信」的傳送選項後，才發現「不妙！」而後悔不已的經驗，想必大家都曾有過一、兩次。

雖然電子郵件是數位工具，奇妙的是，它也是一種具有感情的工具。換句話說，電子郵件有「洩漏情緒」的風險。

舉例而言，在必須糾正部下時，很多人都會因為「面對面講可能會很尷尬，乾脆寄電子郵件」的想法，於是轉而面向電腦。其實，這是非常危險的行為。

當上司在「不用面對面的安心感」驅使下，而貿然寄出郵件。試想，部下收到這封主管在激動之餘，不假思索地以嚴厲語氣寫下的郵件時，心情會是如何？更別說上司寄信之後，沒有任何口頭補充。

部下很可能會認為「自己被上司放棄了」、「上司不想管我了」或「上司好可怕」。這種情形持續下去，上司與下屬之間的關係隨時可能出問題。

現在這個時代，「打字比手寫還快」的人應該占多數。但是，這個傾向有時也會帶來負面作用。

因為迅速完成一件事，其實是很危險的。

手寫文章必須花費時間和勞力，在一個字一個字寫下的過程中，心情也會不知不覺平靜下來，把要表達的內容整理得更有條理。

此時，若能面對面更好，已經當上主管的人，在面對面的時候應該不會放任情感衝動，不至於克制不住怒氣，對部下亂發怒。

日文中「寄信」（寫為「認める」）這個動詞，也可解釋為「處理、確認」。上司在寄送電子郵件給部下時，必須經過「確認」的步驟。

我常聽到有些部下說：「男性主管的電子郵件內容總是很冷淡，令人擔心他是不是在生氣」。

「〇〇的案子應該可以在△△日前完成。麻煩您確認。」（部下）

「了解。」（上司）

「咦？是我的信寫得不好嗎？上司是不是氣我不該在他這麼忙的時候寄信打擾……？」（部下的心聲）

其實上述案例中，上司並沒有生氣，只是很普通地回了一句「了解」。即使如此，還是難免有人會對「只提公事，其他什麼都不提的信件內容」感到不安。

尤其是女性員工，因為女性同理心強、感受力高，容易習慣性地揣測對方沒說出口的真心話。雖說程度因人而異，但確實有人會「害怕」收到這類郵件，認為「對方在生氣」或「自己被討厭了」。

根據我的了解，最近不只女性，連年輕男性也出現這樣的傾向，在接收電子郵件時，忍不住揣測起內容的「氛圍」。

在大阪就讀某國立大學的祐太（二十一歲），每天早上起床後，一定立刻確認七個朋友的推特內容。看了這些之後，他才能判斷等一下到學校遇到大家時，「開口第一句話該說什麼好」。

——摘自《不談戀愛的年輕人》，牛窪惠著。

雖然沒必要迎合這種作風，但身為主管的話，還是應該熟悉一下與自己不同世代的年輕人，在溝通時習慣的方式及價值觀。這麼一來，對於提升自己的溝通技巧一定有所益處。

此外，必須注意的是**「不要一想到什麼，就立刻寄電子郵件指示部下」**。這點一定要多加留意。

大量來自上司的指令郵件，對部下而言，除了壓力之外什麼都不是。站在上司的角度，或許只抱著「備忘錄」的心情，想和部屬共享腦中浮現的想法。然而站在部下的立場，面對信箱裡接二連三傳來的郵件時，若非經驗老道的資深員工，實在很難抱持平常心繼續工作。

大部分的員工會將「上司的指示」判斷為「必須馬上進行的事」，結果造成調整工作優先順序的障礙。

不管怎麼說，請身為上司的你一定要理解，「電子郵件」與「面對面指示」沒有不同，都是必須小心使用的溝通方式。

當然，電子郵件有許多好處。重要的是，在理解這種工具的特性後，隨時提醒自己以下兩點：

1. 不要因為忙碌，貪圖一時的方便而隨手寄信。
2. 不要把電子郵件當成「逃避當面談話」的手段。

主管應該在適當的時候，分別使用傳統類比與電子數位工具，並以此為大前提，謹慎使用電子郵件才是正確的做法。

圖3 寫電子郵件時反而更容易「流於情緒化」

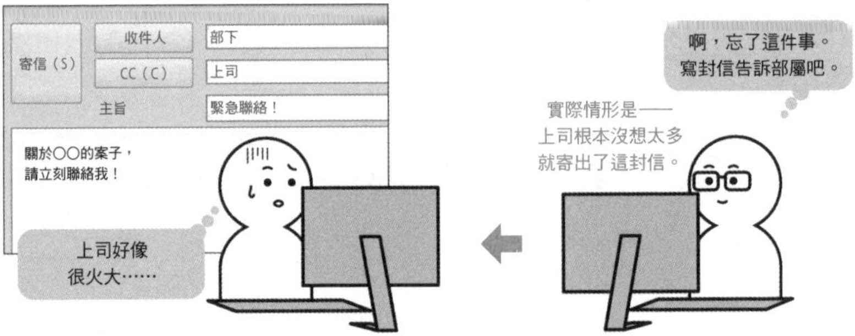
寄信（S）
收件人
部下
CC（C）
上司
主旨
緊急聯絡！
關於○○的案子，
請立刻聯絡我！
上司好像
很火大……
啊，忘了這件事。
寫封信告訴部屬吧。
實際情形是——
上司根本沒想太多
就寄出了這封信。

〔寄電子郵件時的注意事項〕

1 不要因為忙碌，貪圖一時的方便而隨手寄信。

2 不要把電子郵件當成「逃避當面談話」的手段。

優秀的主管，必須追求工作「效果」

數位化讓工作進行起來更方便、更迅速且更有效率，這是不爭的事實。不過，若是認為數位化能讓執行主管的所有工作都更順利，那就大錯特錯了。

舉例來說，英文中有個管理學上的術語——「走動管理」（Management By Walking Around, MBWA）。意思是，主管即使沒什麼事也要時不時地離開座位，在公司內走動，蒐集情報或與部屬對話。這是一種管理學上的實務技巧。

這正是「傳統類比型」的技巧。有些部下認為沒必要「報告、聯絡、商量」的小事，對主管而言，可能是相當重要的資訊。有時則可透過與部下的閒談，發現對方意想不到的另一面。

說起來，執行主管的工作本來就該分成以下兩種：

- 應該徹底提高效率的事。
- 無論如何都不該追求效率的事。

成為執行主管之後會增加許多「不以追求效率為優先」的工作內容，如「培育人才」，或「促進部下的工作動力」等。

無論電子資訊如何進步，工作一詞，在日語中寫成「働く」，也就是「人＋動」，可見談論工作不能屏除「人」這個要素。

話雖如此，我之所以如此重視包括「手寫」在內的溝通技巧，不只是出於「面對面談話很重要」或「手寫給人的感覺很好」等情感方面的原因。

另外一個因素是，我發現重新善用傳統類比工具還有一個好處，那就是「可以在下一步溝通時提高效率」。

請試著回想看看。

在真正親密的家人與朋友之間，經常只需要非常簡短的句子，就能互相理解對方的心情。

「那個，拜託你了」、「ＯＫ」光是這樣簡單的話語，就能彼此理解對方的意思，有時甚至只要互傳「LINE貼圖」就能順暢溝通。

同樣的道理，只要能先與部下建立牢固的信賴關係，往後無論說明、指示或確認，都不再需要花費時間和精神，撰寫好幾封電子郵件，可因此省下不少力氣。

圖4　電子郵件的語氣，應該隨著平時的溝通程度做調整

平時與部下之間的溝通情形	◎ 包括閒聊在內， 日常溝通良好	○ 只有與工作有關 的交談	△ 只有最低限度 的交談
寄給部下的電子郵件語氣	簡短交待即可 「那件事拜託了。」 「收到！」	詳細交待工作事項 ＋ 打聲招呼： 「我寄信給你了， 看一下喔！」 「我寄信給你了， 待會確認一下。」 「是，我明白了。」	詳細交待工作事項 ＋ 面對面口頭說明 「剛才寄給你的信，我 再跟你說明一下……」 「原來是這樣啊～」

如果日常溝通基礎打得穩固，郵件內容簡潔有力也不會有問題。

即使上司寄出的郵件只有短短一句：「關於○○那件事，請向我報告進度。」部屬也不會像前述那樣，感到恐懼不安或心生不滿。

在傳統類比方式下建立的關係，能令之後的數位溝通更有效率。我相信，只要察覺到這一點，身為上司的你就知道該如何拿捏溝通時的力道了。

此外，執行主管在管理本身的行事曆，或是對工作進行全面性掌握時，同樣最好遠離數位框架。有時我們就是必須這麼做，大腦才不會僵化，進而達成更多、更好的產出。

離開電腦，就算到附近的咖啡店工作也好，或是一邊走路、一邊思考工作，都能幫助大腦產出更多好點子。或者，放下手中的智慧型手機、遠離應用程式，以手寫的方式在筆記本或白板上解放思考，反而更能激發靈感。

這些方式帶來的效果，在某種程度上都找得到科學根據。

再者，在還是單純執行者的時代，或許你也有一本寫得密密麻麻的行事曆手冊。然而當上執行主管後，就不能再這樣了。因為，主管必須要能因應突發狀況與協助來自部屬的緊急求助。**這種「無法事前預測的工作」，才是身為執行主管者最重要的職責所在。**

這麼一來，行事曆上當然需要保留適度的「留白」，做起事來才能更從容不迫。處理數量龐大的電子郵件、分析多項資料數據、重新製作檔案或報告……這些面對電腦埋頭苦幹的時間，往往能讓我們感受到「我正在努力工作！」的成就感。但是，這些多半都不是真正的「用腦力工作」，說起來比較像是「手工作業」。身為一個執行主管，對著電腦埋頭苦幹的時間，實在無法為自己創造良好的工作成果，也不是最佳的腦力使用方式。

為了成為符合公司期待的優秀主管，也為了善盡自己的職責，主管們必須妥善結合傳統類比與電子數位工具，以「混合型」的方式運用。如此一來，在執行主管這份工作上的「功力」將會更上一層樓，這就是本書最想讓各位明白的事。

類比與數位這兩種工具，有時得區分場合使用，有時則必須將兩者結合運用。自然而然地，你就能從「單純的執行者」進化為「主管」，「對工作的態度」也將得以進化。

在即將進入的下一章中，我要介紹自己實行過，並且確實有效的具體方法。

第2章

行事曆手冊是
卓越工作成效的
「指揮塔」

活用傳統及數位行事曆

在我擔任執行主管時，會使用以下兩種工具，分開管理「自己的工作行事曆」與「部下的行事曆」。

1. 紙本行事曆手冊。
2. 電子信箱的行事曆功能。

而這正是本書的精髓，也就是「混合型管理術」。

為什麼是混合型呢？因為不同工具的使用目的有明確的差異。想做好執行主管的職責，就必須同時善用兩種不同的工具。

簡單來說，區分使用兩種工具的重點如下：

1. 使用上下左右自由書寫的傳統行事曆手冊，「多次元」管理工作全貌。
2. 使用數位行事曆計畫表介面，「全面」管理時間。

回顧過往，在單打獨鬥也能完成工作的執行者時代，管理個人行事曆時最重要的一點，就是如何篩選出自己的「待辦事項」，填滿每天的行事曆。

想必大家都有這樣的經驗，一看到密密麻麻寫滿預定計畫的行事曆，不免陶醉在自己「真努力工作」的成就感中。

而雜誌的行事曆特集中，經常介紹各種行事曆活用術，比方說如何詳細寫入工作事項，如何運用不同的顏色貼紙等。做為一個執行者，想徹底做好自己的工作，使用這樣的行事曆活用術也就足夠了。

但是，執行主管的行事曆管理可不一樣。

執行主管的首要任務是「推動部屬工作，帶領部門做出成果」。對這樣的執行主管而言，管理行事曆時，絕對不能只看自己負責的工作，更必須俯瞰整體正在執行的計畫與部屬的工作內容，全面掌握團隊進度與狀況。

這時需要的就是主管觀點、俯瞰能力與多工能力。

最能輔助主管觀點的工具就是——傳統行事曆手冊。

站在主管的觀點，我發現以下幾項傳統行事曆手冊的特性，正好能有效地輔助俯瞰與多工的進行。

- 可放在桌上，隨時都能看得到（不必打開電腦、點開檔案）。
- 可「跨頁」整理需要一目瞭然的資訊。
- 可隨時在空白處追加資訊（可加上便利貼或斜著寫下文字，真的很方便）。
- 透過「手寫」，不只達到「記錄」效果，對資訊的「記憶」也很有幫助。

下一節，我將介紹各種「站在主管觀點」運用的傳統行事曆活用術。

公開行事曆，讓員工心甘情願「聽你的」

對執行主管而言，行事曆手冊不只是用來管理個人行程的工具，站在管理者的角度，更是一項不可或缺的工具。

當我還是一個執行主管時，最喜歡用的是線圈裝訂的A5大小行事曆。做為傳統型工具，這種筆記本最重要的特色，就在於「線圈裝訂」。因為線圈裝訂能夠以一百八十度的狀態攤開平放。我會攤開當週跨頁，將這本行事曆隨時放在辦公桌上。

當然，這本行事曆的內容只限於「被誰看到都沒關係」的工作行程。換句話說，這是一本為了「透明公開展示」而存在的行事曆。

上司的行事曆，基本上應該對部下公開。為了率領整個團隊做出成果，我會提醒自己盡可能將手上的情報與部屬共享。原因如下：

■公開自己的行事曆手冊，提供正在蒐集資訊的部下可善加運用的「資源」。
■以上述要點為前提，寫下「希望部下能看見」的情報，達到「提示管理」的作用。

執行主管的性質特殊，正好被夾在上司與部下之間。換句話說，一方面以部下的身分獲得上司分享的情報；另一方面則必須將上司與自己分享的情報，再分享給下一層的部屬。這正是執行主管的重要職責之一。

我在前著《執行主管的教科書》中，曾如此說明執行主管必須負起的中樞責任：

「從內容看來，所謂執行主管的職責可分成兩大類，不但必須執行第一線工作，同時也有機會參與預算或重要事項決策會議等管理階層的工作。換句話說，會同時接收到來自第一線與管理層級的資訊情報。」

這些資訊情報，對管理部下的工作意願有很大的影響。

「今年夏天要把主力放在A商品。」

「本季你的目標就是拿到〇〇件訂單。」

部下不是機器人，只給予上述指示，無法讓他們對你指派的工作心服口服，就有可能發揮不了原本應該發揮的力量。為了避免這點，必須採取以下兩種指示方法：

- ■告訴部下「為什麼」今年夏天的主力商品是A。
- ■告訴部下「為什麼」本季需要拿到〇〇件訂單。

沒有說明「原因」的命令，無法提高部屬的工作意願，也很可能導致他們使用錯誤的方法進行工作。為了避免這樣的狀況，只要與其分享工作的「原因」（為什麼），對部屬們來說，就是很寶貴的「資訊」。

過去的上司教會了我這件事的重要性。

雖然他是位如同魔鬼士官般嚴格的主管，卻能夠信任部下，將原本「不該讓部下知道的情報」與我們分享。

換句話說，即使只下令「今年夏天的主力商品就是要推Ａ，這已經是上頭決定的事了！」也因為他在平時早已與我們分享，關於這項工作的種種資訊情報，身為部下的我們，立刻就能理解「推Ａ為主力商品的原因」。

「啊，上次主管說過，開幹部會議時決定『今年夏天本公司的目標就是強打高額商品』，說到我們部門的高額商品非Ａ莫屬，那麼只能推Ａ為主力商品了。」

接到指示後，部下隨即能夠做出這種解釋，對上司交付的工作便能心服口服。

除此之外，上司與部下分享資訊也代表是對部下的信賴，「正因上司信任我們，所以才會提早告訴我們那些資訊。好！我也得努力工作報答他的信賴」。就像這樣，部下也會建立起對上司的信任。

只要你信任部下，部下就會信任你。

在建立信賴關係時，「資訊情報」的分享占了重要的一席之地，這是我從親身體驗中學到的道理。反過來說，上司無法與部下共享資訊情報時，部下往往容易感到疏離，間接造成工作意願的低落。

我從過去主管身上學到的經驗，再經過自己的方式加以詮釋運用後，得出了這套「透明公開展示行事曆」的方法。

圖5 主管的行事曆基本上都要「透明公開」

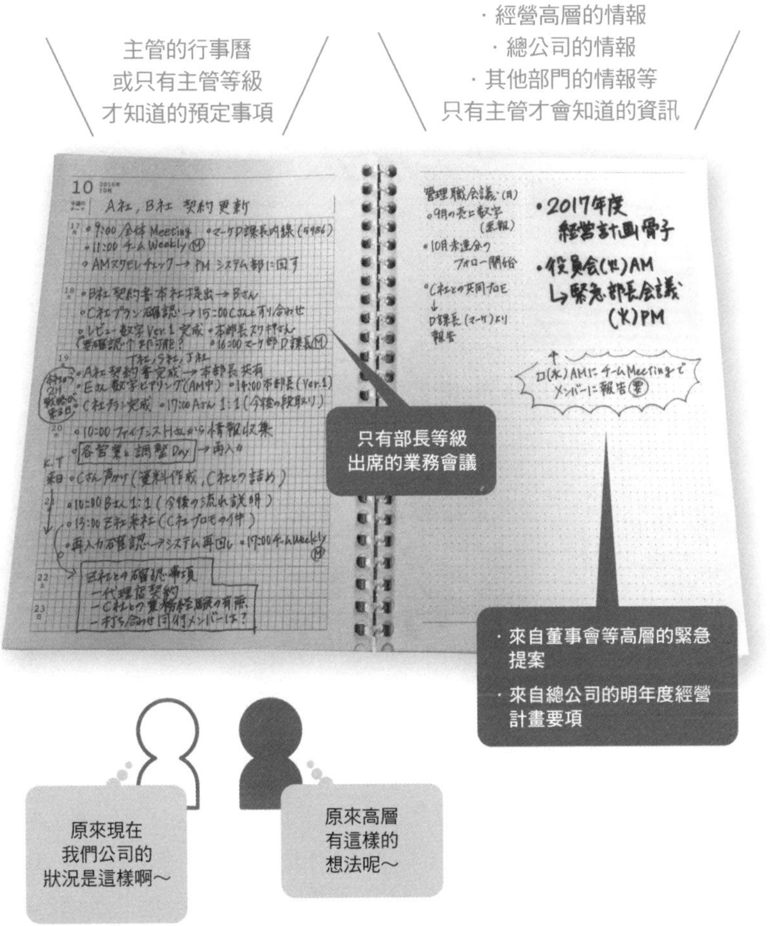
主管的行事曆
或只有主管等級
才知道的預定事項
· 經營高層的情報
· 總公司的情報
· 其他部門的情報等
只有主管才會知道的資訊
只有部長等級
出席的業務會議
· 來自董事會等高層的緊急提案
· 來自總公司的明年度經營計畫要項
原來現在
我們公司的
狀況是這樣啊～
原來高層
有這樣的
想法呢～

透過上司公開的行事曆，
讓部下掌握有用的資訊情報，
有助日常工作的上下溝通更為順暢。

對部下大方出示自己的行事曆，透過這個做法強化「想將自己知道的資訊，盡可能與部下分享」的想法。

- 部長等級才能出席的業務會議日期。
- 下一季預算計畫的推行日期。
- 來自總公司的新事業概要及相關執行日期。

行事曆手冊裡寫的，是不刻意提醒自己就難有機會與部下分享的情報，將這樣一本行事曆公開展示在部下面前，能讓他們理解「現在公司的狀況」。

當然，關於人事與考核等與個資及隱私有關的機密事項，就不能寫在這本行事曆裡了。

與團隊成員分享情報，能加強團隊成員的向心力，若想率領團隊共同努力拿出成果，分享情報是主管不可或缺的行動之一。請務必利用這個機會，站在執行主管的角度，大幅改造你的行事曆手冊。

以「一週跨頁法」俯瞰工作內容

執行主管的行事曆活用術之核心，就是「以跨頁方式記錄一週」的頁面格式。運用這種格式來管理行事曆及工作內容。

■右頁↓①從正在進行的計畫中，切出這一週的業務內容。
②列出部下的預定工作。
■左頁↓根據右頁內容規劃出的「每日待辦清單」。

對執行主管而言，尤其重要的是記載當週業務內容的右頁。

從為期三個月或半年的長期工作計畫中，分割出這一星期需要執行的業務內容，同時在頁面上列出部屬這一星期的預定工作。以At A Glance（一目瞭然）的形式呈現出來。

身為一個執行主管，除了自己手頭執行的業務外，更必須掌握部下及團隊的工作狀況。為了管理多樣化的工作內容，必須以「一星期」為行事曆的最小單位。

另外，一邊隨時盯著右頁的週間待辦清單，一邊將每天必須完成的待辦清單規劃在左頁，用這種方式向前推動整體業務。

橫跨兩頁的傳統行事曆手冊，很適合用來輔助上述的「多工進行的管理腦」。

不過，不只以一星期為單位，執行主管必須俯瞰的時間軸應該拉得更長才行，要以月或年為單位規劃行事曆，詳述方法後文還會提到，在此先略過不談。

執行主管應該「以一週為單位」掌握行事曆的原因有二：

第一，上司必須隨時走在領先部下半步的地方。看著今天、思考明天，看著本週、思考下週。

舉例來說，「下星期開會用的資料，必須在本週三前先看過一次」，以這樣的基準，從接下來的預定計畫往回推算「現在必須提醒部下做什麼」，或是確認部下工作的進度。

第二，關於自己親自執行的業務，則以「在　星期內做完」為原則。最好在規劃行事曆時，預留空間或「留白」。

因為執行主管的工作，原本就是由一連串的「突發狀況」組成。

圖6 一週任務的管理事例

左頁 右頁

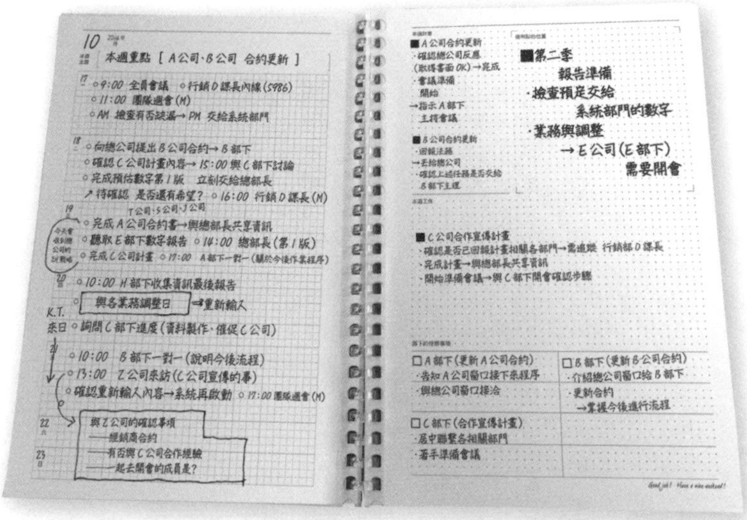

左頁的內容：
是根據右頁內容所
規劃的每日待辦清單。

右頁的內容：
是同時進行的複數計畫
個別的待辦清單，
以及部下的預定工作列表。

※格式範本，請參照第一九〇頁。

重要的是右頁。一邊將整週的待辦清單列入視野，
一邊確認左頁的每日待辦清單，以便順利推動業務進行。

就算好好規劃了今天的待辦事項，事實上，想按照規劃在一天內完成所有預定工作是不可能的事。

一旦部下臨時出錯，為了替團隊收拾殘局，自己當天的「預定完成事項」可能瞬間化為泡沫。無可奈何之餘，把同一份工作「往後延」，也是常有的事。

由此可知，執行主管必備的行事曆管理方式，並非「今天內要做完這些工作」，而是「這星期內要做完這些工作」，以一星期為單位核對工作進度。一週的總工作量，只要能在一星期內完成即可。執行主管的工作，必須以這樣的單位長度來管理。

俯瞰「一週工作」的跨頁行事曆是執行主管的職責，坦白說，執行主管的工作就是「俯瞰」。

關於行事曆的具體寫法，請參照第一八四頁的整理。此外，本書會同步附上格式範例，請將自己的業務內容反映在這份格式上，對於管理概念的理解應該會有很大的幫助。

部屬的工作行程更應該寫進行事曆

前文提到，寫在跨頁中的右頁除了一週的計畫內容外，也要寫上「部下的預定工作」才行。關於這一點，接下來將詳加說明。

首先，在一週的跨頁行事曆中，右頁需整理出這個星期部下的主要業務及預定外出時間；並以此為基礎，在左頁規劃出每一天的待辦清單。

舉例來說，你指示部下A在本週完成的工作是「製作下週五業務會議用的資料」。這時，在行事曆中應該寫明的內容如下：

- ●右頁：A↓完成下週五業務會議用資料。
- ●左頁：自己對A的待辦清單。
- ■十七日（一）：九點半與A開會，指示A製作資料（本週內需提出大綱）。
- ■十九日（三）：向A簡單確認進度。
- ■二十一日（五）：下午一點，檢查A製作的非正式版資料，並開會討論。

大家應該發現了吧，執行主管的待辦事項，內容不只有「自己要做的工作」而已。更多的是：

- 指示部下該做什麼的待辦事項（指派工作給部下）。
- 掌握部下待辦事項的處理狀況（管理部下進度）。
- 管理團隊整體進度的待辦事項（俯瞰與管理）。

這些關於管理層面的待辦事項，才更應該被列入執行主管的待辦清單中（請參照圖7）。

若還是按照執行者時代的做法，只看「自己該做的工作」建立待辦清單，將無法達到「促使部下動手，帶領團隊做出成果」的目標。請各位主管務必理解這一點。

指示部下準備下週五業務會議用的資料，也可能發生對方無法按照你的期望行動的狀況。如果無法在會議前掌握部下工作的狀況與進度，難保不會發生耽擱業務會議進行的事態。

「為了解決部下無預期的失誤而手忙腳亂……。」

圖7 主管和執行者的待辦清單是不一樣的！

主管的待辦清單，
目的是用來：

- □ 指示部下工作
- □ 掌握部下狀況
- □ 管理團隊整體的工作進度

比方說：
□ 準備週五業務會議的資料

執行者時代：

- □ 確認製作資料時的重點
- □ 蒐集製作資料用的數據
- □ 製作資料
- □ 請上司檢查

待辦事項是自己的工作！

主管時代：

- □ 指示部下 A 製作資料，並提示他注意重點。
- □ 指示其他成員，提供 A 製作資料時所需的數據。
- □ 在 A 製作到一半時，確認進度。
- □ 指示 C 檢查內容，並按照人數影印。

待辦事項是別人的工作！

待辦清單有很大的改變。執行主管在擬定行事曆時，
請隨時記住「該怎麼做才能促使部下行動，做出好成果」。

幾乎所有為這種問題所苦惱的主管，都沒有「在希望部下著手工作的時間找部下討論」，也沒有「在部下進行到一半時確認進度」。事實上，多的是辦法能避免自己成為一個「手忙腳亂的上司」。

首先，比起自己業務上的待辦事項，**請在行事曆中規劃更多以「推動部下工作」為目的的待辦事項。**

將這些內容寫在隨時看得到的行事曆上，也能有效提高上司的工作機動力，這是我的切身感受。

此外，前作《執行主管的教科書》也提到，將部下的預定工作寫入行事曆中，藉以掌握進度，同樣是透過業務有效增加與部屬之間「溝通量」的技巧之一。

與部下建立工作上的信賴關係時，上司應該注意的是「比起偶爾說句名言，不如累積日常中的五秒」。

寫在行事曆裡的部屬預定工作，也能成為日常溝通時的話題。以前面提到的部下A為例，左頁寫的：

■十九日（三）：向A簡單確認進度。

這條待辦事項，除了能確認部下的工作進度與狀況外，也可視為與部下溝通的重要機會。

就算每天只花幾分鐘，有時卻是一天八小時的勞動時間中，最重要的時刻。

——引用自《執行主管的教科書》

今後的時代，上司帶領異性部下工作的機會愈來愈多，身為主管可能也會擔心溝通時的某句話造成性騷擾等誤解……相信不少上司都曾煩惱在職場上該提起多少私人話題。不過，只要有這份待辦事項，就不必擔心這種事了。

因為，只要增加以工作話題為中心的溝通量就好了。試想，即使上司在聚餐時親切友善，若平常在工作上從不關心或協助部下，究竟有多少部下願意敞開心房？

相較之下，不如在日常工作中增加「與工作有關」的溝通量，努力建立彼此之間的信賴關係。透過行事曆內的待辦事項，掌握部下的工作進度，對建立彼此信賴關係的幫助有多大，也請各位務必親身感受。

不懂「交辦事項表」，你就自己做到死！

前面提到，主管在行事曆中不只要寫上自己的工作，就連部下的工作也要列入。「把工作交給部下」是上司的職責，接下來我將進一步說明及帶領大家重新檢視這份職責。

率領部下的上司，最重要的職務就是「培育部下」，關於這一點，我相信沒有人會有異議。

那麼，具體來說，究竟該如何培育呢？

嚴格說起來，執行主管真的很忙。

除了管理工作外，自己手頭上也有正在執行的工作，身上背負著大量「該做的事」。在這種狀況下，想要完成培育人才的任務，就得思考如何將更多的工作交給部屬執行。

前文已經說過很多次，執行主管的工作就是「促使部下動手做出成果」。若是什麼事都抓在自己手裡，部下將無法獲得成長。身為執行主管，必須隨時提醒自己「是否又搶了部下該做的工作」。

在此，運用傳統類比型行事曆，逐步學會「放手的技術」吧。改變觀念不是一件容易的事，但改變行事曆手冊的「內容」則非常簡單。

首先，請擬定出本週應該完成的待辦工作。

接著，請審視這份待辦事項。

「在這份待辦事項中，有沒有應該交給部下去做的工作呢？」

「自己動手做比較快」、「自己做會比部下來得好」、「自己做比較放心」……這些詛咒的束縛必須立刻拋開才行。

部下的工作表現沒有自己好；如果做同樣的事，部下花的時間比自己多，偶爾還會失敗……這些都是理所當然的事。

上司的工作不是防止部下失敗，而是在預設部下可能失敗的前提下，一邊協助部下、一邊促進他們成長。人都是在失敗中學習成長的，該交出去的工作就交出去吧，我認為這才是培育部下的訣竅。

抱持上述觀點，將原本寫好的那份待辦事項重寫為「給部下的交辦事項」，抄在行事曆手冊上吧。

圖8 從待辦事項中，消掉「不用自己動手也沒關係的事」

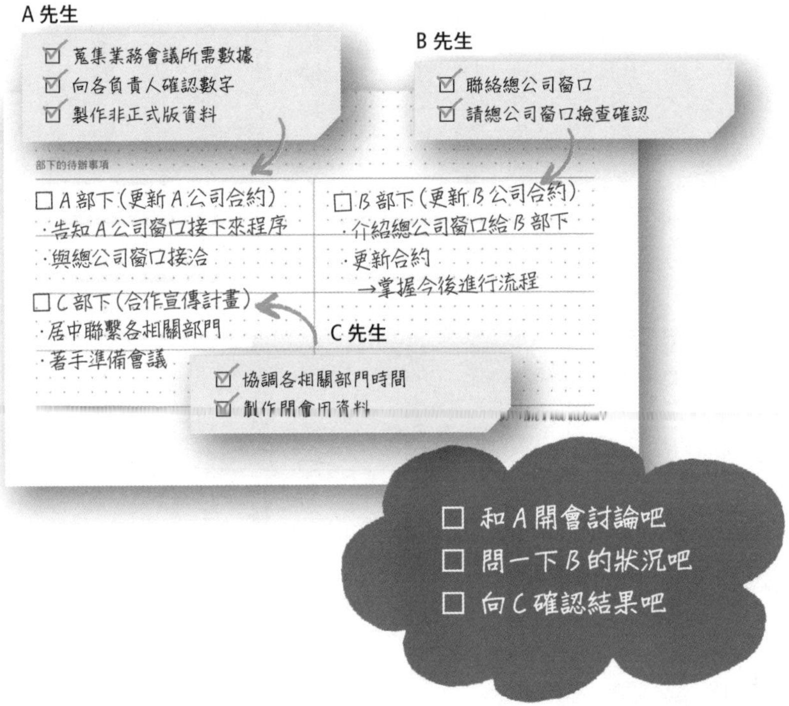
A先生
☑ 蒐集業務會議所需數據
☑ 向各負責人確認數字
☑ 製作非正式版資料
B先生
☑ 聯絡總公司窗口
☑ 請總公司窗口檢查確認
部下的待辦事項
□ A部下（更新A公司合約）
·告知A公司窗口接下來程序
·與總公司窗口接洽
□ B部下（更新B公司合約）
·介紹總公司窗口給B部下
·更新合約
→掌握今後進行流程
□ C部下（合作宣傳計畫）
·居中聯繫各相關部門
·著手準備會議
C先生
☑ 協調各相關部門時間
☑ 製作開會用資料
□ 和A開會討論吧
□ 問一下B的狀況吧
□ 向C確認結果吧

再次以前面提到的「指示A製作下週業務會議資料」為例進行說明：

> **●右頁：A↓完成下週五業務會議用資料（本週內完成非正式版）。**

在這裡暫停一下。

你認為「差不多該把製作會議資料的工作交給A了吧？」

於是，你決定把這份工作交辦給他。決定之後，像上述那樣在右頁寫下A的預定工作。

> **●右頁：A↓完成下週五業務會議用資料。**
> **■製作非正式版資料，並開會討論。**

下一步，你會思考把工作交給部下後的時間流程，這時需要的就是「站在管理者階層」的考量了。

為什麼這麼說呢？因為你必須料想到，第一次被交付製作資料任務的A，一定會花上比平常更多的時間和程序。

「或許應該提早做出指示比較好。以本週內先提出一次為目標，週三早上先確認『如何？有沒有不懂的地方？』如有不明白之處再加以協助。週五開會討論，檢查他提出的非正式版，下週開會前完成正式版。就這麼辦吧！最糟糕的狀況，就算出問題，本週內也一定會發覺，還有充分的時間幫忙解決。」

經過這一番思考後，在左頁寫下這樣的內容：

● 左頁：自己對A的待辦清單。

■ 十七日（一）：九點半與A開會，指示他開始製作資料（本週內需完成非正式版）。

■ 十九日（三）：向A簡單確認進度。

■ 二十一日（五）：下午一點，檢查A製作的非正式版資料。

對部下B和C也用同樣的方式交辦工作，並將與他們工作有關的待辦清單列在左頁。這就是為了培育部下所做的，把「待辦事項」轉換為「交辦事項」的作業。

讓部下動手做出成果的三步驟是：

①做出指示。

②確認進度。

③在還有充裕時間修正時檢查。

使用傳統行事曆的跨頁，就能做好上述管理工作，一起來試試看吧。

「交辦事項」有幾個重點。第一是，必須配合部下程度做個別調整與管理。

如果部下還是新手，為了預防可能的失誤，必須給予充分的工作時間。相對地，如果部下經驗相當豐富，只要給出完美的指示和完成日期即可，連上述第二個步驟「②確認進度」都可以省略。

如上所述，配合不同下屬的能力與程度擬定待辦清單，上司的管理能力也將在一次次的過程中磨練出來。

「交辦事項」的另一個重點是，為了確保自己能留給部下足夠的時間，在行事曆上擬定「自己的待辦清單」時，同樣必須預留空間。

我自己在累積愈多執行主管的經驗後，行事曆上自己的待辦清單就愈來愈少了。因為，**管理工作的重心是「交辦事項」**，寫在行事曆裡的待辦清單逐漸以「協助與支援部下的工作」、「管理部門全體工作進度」等為中心。

比起自己待辦清單，更要以部下的為重；比起自己的行事曆，更重要的是部下的行事曆。

於是，透過全面掌握團隊工作，行事曆也發揮了宛如團隊指揮塔般的作用。這或許是執行主管運用傳統型行事曆時，企圖達到的最終目標。

用「一年」預定團隊工作計畫表

每天的行程、交期、截止日……上班族被這些工作追著跑，忙得不可開交已是常態。如果你也是這樣的執行主管，建議可以用「一年」為單位，把時間拉遠一點檢視自己的工作。

平常我們注意的往往是「一天」或「一星期」等短期單位內的事吧？現在要做的，就是把這個單位放大。

不管哪間公司，結算期都是固定的，每半年一次的總結也早已決定。

假設是三月結算的公司，就能大概做出「十二月底前後開始為結算做整理，進入一月之後差不多要開始擬定下年度預算」等推測。根據推測的內容，某種程度就能預測得到自己的繁忙期會是什麼時候。

我們很容易陷入「每天忙得不可開交」的感覺之中，事實上，很多繁忙期事先都估計得到。

只要能掌握到繁忙期的走向，就不再是「被行事曆上的工作追著跑」，而能轉變為「自己追著工作行動」。

如此一來，必定可以脫離「頭痛醫頭、腳痛醫腳」的做事方法，大大減輕管理工作的壓力。

這正是管理職需要具備的「俯瞰工作」能力。一般行事曆手冊裡，年間行事曆的頁面，正是我們在進行俯瞰時的最強工具。

試著俯瞰年間行事曆上一整年的預定工作吧。以一年或半年為單位，檢視與自己工作相關的行事曆，你會看到什麼樣的流向呢？

「新年剛過不久，二月就到了，三月結算前肯定忙得不可開交、手忙腳亂。等四月進公司的新手好不容易適應了，轉眼又是七、八月暑假，思考一下秋季商戰，一下子就到了年底。」

試著像這樣一邊回憶一整年「工作時的實際感受」，一邊將預設的待辦事項填入年間行事曆吧。

- 股東大會、投資人服務、公司大會、分店長會議等，公司整體的重要活動。
- 與自己參與的計畫相關的主要里程碑。
- 人事考核、新人面試等每年固定發生的工作。
- 與總決算相關的作業及會議。

把這些工作的高峰期填入年間行事曆裡，就能俯瞰一整年工作曲線的高低起伏。

如此一來，你就能——

- 事先預測繁忙期，擬定行事曆。
- 看準對部屬「提出工作指示」的時機。

這樣做，除了可以提高管理的工作品質外，因接踵而至的繁忙期都在「預料之中」，忙碌程度也會比過去更容易接受。

提早預測繁忙期，還可以提醒部下在相對不忙碌的時期趁早休假。

圖9 俯瞰一整年的行事曆

年間行事曆

第一季	4月 □健康檢查 □新人研習 忙しさ度［高・中・低］	5月 □股東大會 忙しさ度［高・中・低］	6月 □招募新血 □第一季財報 忙しさ度［高・中・低］
第二季	7月 □研修 忙しさ度［高・中・低］	8月 □暑假（短假） 忙しさ度［高・中・低］	9月 □分店長會議 □第二季財報 忙しさ度［高・中・低］
第三季	10月 □人事異動 □參展 忙しさ度［高・中・低］	11月 □公司大會 忙しさ度［高・中・低］	12月 □參展 □第三季財報 忙しさ度［高・中・低］
第四季	1月 □擬定下年度預算 忙しさ度［高・中・低］	2月 □管理人會議 □商討異動狀況 忙しさ度［高・中・低］	3月 □總結算 □第四季財報 忙しさ度［高・中・低］

※格式範本，請參照第一八七頁。

這一年會發生什麼事，某種程度皆能夠預測。
根據預測建立一份年間行事曆，
即使遇到繁忙期，也因「在預料之中」而容易接受。

尤其是執行主管，由於同時進行部下的工作，以及團隊和自己的工作，特別需要這種俯瞰能力。因此，對必須具備多工能力的執行主管來說，「俯瞰整體的能力」能幫助預測一整年的工作繁忙期流向，是不可或缺的武器。

此外，年間行事曆的另一個好處就是所有資訊集中在一頁，不僅只需掃過一眼便能一目瞭然，更能以「圖像」方式記在腦中。

只靠這「一頁圖像」，就能將一整年的工作狀態輸入腦中。一有需要，立刻從腦中叫出這個圖像，即時掌握全年行事曆，在必須做出商業判斷時大有助益。

不過，執行主管的特徵就是「其他類工作」繁多。

舉例來說，結算前或發表全年計畫前，上層突發性丟出工作的機會也會增加。

「上司總是突然指派工作，這樣下去哪有時間做自己的事！」

或許你會像這樣忿忿不平，但是解決完上司突然丟出來的工作後，也不要「好了傷疤忘了痛」，俯瞰年間行事曆時要記取去年的教訓，連這些突發經驗一併俯瞰。那麼，原本「出乎預料」的工作也會變成「預期之中」。

「○月最後一週，為了向上司說明種種業務，可能需要花費比平常多的時間。」

若能事先做出這類預測，就可提前完成其他業務，騰出所需時間，取得工作上的平衡。

今後的時代，隨著職業婦女的增加，女性部下因為產假或育兒假短暫離開職場，或縮短勤務時間的案例都會跟著增加。預先做出「從今年〇月起，某幾位部下可能會提出縮短勤務時間的要求」等人事相關的預測，盡可能透過這樣的俯瞰，調整團隊人事來因應，團隊成員也能更容易做好支援的心理準備。

能否透過俯瞰能力掌握全體，將影響主管在管理工作上的表現，所造成的結果可能大相逕庭。

以執行主管的狀況來說，最理想的狀態是掌握一年，最少也必須掌握半年左右的整體流向。察覺其中可能發生的待辦事項，並預先將其具體化。

一般行事曆手冊中的「年間行事曆」頁面，往往被視為可有可無的雞肋。事實上，對執行主管而言，卻是能夠幫助自己工作順利進行的重要工具。

書中第一八七頁是我為各位準備的格式範例，請務必善加運用。

用便利貼「加料」，輔助你的「管理腦」

在工作上活用便利貼的人應該不少吧。我也是個「便利貼重度使用者」，甚至可以說少了便利貼就無法工作。

身為一個執行主管，使用傳統行事曆手冊時，搭配便利貼可說是如虎添翼，是活用行事曆手冊時不可或缺的存在。

為什麼執行主管在使用傳統行事曆手冊時，一定要搭配便利貼呢？

這是因為，只要使用便利貼這個同為傳統類比型的工具，就能在行事曆兩面跨頁的濃縮空間中不斷「加料」。即使是之後才發生的「追加事項」、「待確認事項」、「未解決事項」、「新的靈感」……都能輕易「補充」或「重疊」，將一切管理集中在兩面跨頁之中。

當然，電腦有便利貼功能，智慧型手機也有便條紙應用程式，不過，本書提倡的概念是：

■將傳統行事曆手冊當成工作的平臺。
■包括手寫的效果在內，可將一切工作內容集中於這個平臺上，實現更有效率的管理工作。

把腦中浮現的點子、臨時察覺的事項等，迅速寫在便利貼上，隨時貼入行事曆手冊。切實養成這樣的習慣才有意義。如此一來，傳統行事曆手冊才會成為輔助執行主管工作的「指揮塔」。

此外，傳統行事曆手冊搭配便利貼，會給予使用者「就算自己忘了，只要打開手冊察看就能掌握一切」的安心感。

最重要的一點，便利貼這種工具的最大特徵就是——可重複撕下再貼下。

如果那張便利貼的內容必須延續到下個星期，只要撕下來再重複貼在下星期的行事曆跨頁上就可以了。

比方說，將會議中提出的未解決事項寫在便利貼上，貼進行事曆手冊中。沒想到，原本以為馬上就能解決的事卻一再拖延，不斷重複貼在下週、下下週的行事曆頁面上。

若是手冊裡這類反覆撕貼，破破爛爛的便利貼愈來愈多，內心不免產生「一定要想辦法在這星期內解決」的振奮念頭。

就像這樣，靠著一張便利貼，達到「鞭策自己」的功效。

在「使用行事曆手冊掌握一切」這點上，行事曆還有一個值得加以活用的特點，那就是手冊的「空白處」。

因為內容都是手寫，可以直著寫、橫著寫，也可以斜著寫，高興怎麼寫就怎麼寫。臨時想到的事情，隨時可以拿筆寫在手冊裡。

而數位應用程式最大的弱點就是文字無法斜向排列，反過來說，這就成為傳統類比工具最大的強項。「可以斜著寫真是方便！」回到傳統類比工具的懷抱，能為執行主管帶來更大的機動性。

正如所見，本書中提到及使用的工具或方法，對各位來說，或許都是再理所當然不過的事。

不過，對便利貼與空白處的活用重點，卻是執行主管重新察覺傳統類比工具的優點後，為了徹底活用行事曆手冊這項工具，進一步發現及意識到的用法。

手頭工作愈是龐雜的執行主管，在俯瞰全體計畫、完成多項同步進行的工作、帶領團隊做出成果時，一定愈能感受到至今認為理所當然的傳統工具，所帶來的意想不到的效果。

以「數位方式」建管預定計畫表

混合型管理方式，能夠在不同場合區分使用傳統類比工具與數位工具，而另外一項重點即是「不使用傳統工具管理時間」。換句話說，就是要善用數位工具，進行「全面性」的管理。

以我的狀況為例，我用來管理時間的工具是Microsoft Office Outlook。目前，包括免費工具在內，各電子郵件介面都推出了多種行事曆功能，就介面設計來說，每一種都大同小異。

不限於執行主管，任何工作都必須建立在「確保所需時間」的基礎上。

- 十七日（一）：九點至十點半　和A公司開會。
- 十八日（二）：十點至十一點　業務會議。
- 二十日（四）：下午兩點　和B公司開會。
  下午四點　和C公司協商。

圖 10 執行主管進行「全面性」的時間管理

只要看一眼週間預定計畫表，
就能以直覺掌握自己忙碌的程度，以及時間的使用方法。

如上述所示，與其用筆記本或行事曆手冊管理時間表，不如用Outlook管理每天的時間表（包括會議等必須與他人共同進行的行程），更能有效運用時間。這是我的切身感想。

我毫不諱言自己「最愛Outlook！」的原因，就在於前頁圖10的範例所示，可以一目瞭然、全面掌握時間。如同學校課表般按照時間分割的介面，一眼就能看出時間表上的哪一段時間已有預定事項，哪一段時間還是空白，以直覺掌握自己的忙碌程度，也能明白自己是如何運用時間。

從另外一個管理觀點來看，好處是我們可善加利用電子郵件的各項機能，用色塊區分不同計畫。如此一來，同樣一眼就能掌握自己現在因哪一項計畫，或者哪一項工作投入最多時間。

這種電子郵件附加的數位行事曆功能，對於每天同時進行複數工作的執行主管而言，無論站在計畫管理的角度、還是站在時間管理的角度，都是非常方便的工具。

對執行主管來說，為什麼數位行事曆功能最適合用來管理時間表，下一節將有詳細說明。

好主管懂得「預約自己的祕密會議」

站在管理者的角度，電子郵件行事曆功能的另一項長處，就是可以透過網路向團隊成員公開上司的時間表。我也是使用這個方式對部下公開自己的時間表。

「今天田島小姐整天都有外出行程啊，看來今天不可能找她好好討論了。」

諸如此類，部屬看了我的時間表後，立刻明白我的工作狀況，就能更有效率地預約面談時間。像這樣和部下分享自己的行事曆時間表，正是數位工具的強項。

然而，公開時間表也有其壞處。由於部下可自由預約我時間表上的空白時間，不知不覺中，與部下的會議或面談不斷增加，填滿了整個行事曆，相信不少執行主管都曾有過這樣的經驗。

主管職有開不完的會議是正常的事，但正因為是主管，更必須確保自己的時間。思考商業策略或企劃內容等「雖不緊急但很重要」的工作，都需要時間思考。想要保留時間的話，靠的是「自己預約自己的時間」這一招。

■十九日（三）：下午一點至兩點　會議室A

主管經常獨自關在會議室裡絕對不是好事，但是，偶爾的確需要一段「失蹤」的時間。

只要待在會議室裡，就不用擔心接連上前商量工作的部屬，打斷自己的注意力，也不用接來自客戶的電話。而且因為待在會議室裡，有任何緊急事態都能利用內線電話聯絡，想要馬上回到座位處理也不是問題，可避免耽誤緊急狀況。

對執行主管來說，會議室實在是一個非常好用的地方。

有些人或許會說，換個地點到公司外的咖啡店工作，就可以轉換心情。不過，對於隨時可能必須應付緊急狀況的執行主管而言，這並不是一個好主意。

獨自關在會議室裡的好處是，可以隨時對應工作的安心感；相較之下，偷偷躲在咖啡店工作，每一次手機響起或信箱收到來信通知時都會感到心驚肉跳，效率反而沒有在會議室裡工作來得好。

預約自己時間的另一個原因是，為了「保留給部下的時間」。

白天部下經常因公外出，主管自己也時常為了開會而離席，彼此很難找到好好坐下來談話的時間。因此，不妨預先在白天工作告一段落的傍晚時分，在時間表上為自己事先預約一小時左右的時段，保留給部屬。

如此一來，部下如果有事想商量，就可以利用這段時間。反過來說，上司若擔心哪個員工的近況，也可以利用這段時間找他談話，或是與犯下失誤的部屬開一個小型反省會等。對團隊而言，這可以說是每天最重要的一段時間了。

英語的Outlook有「洞悉」、「展望」的意思。用「面」的方式掌握時間，以「填空」的感覺管理時間及工作，有效地一方面掌握整體，一方面推進工作。Outlook可說是協助執行主管工作的必殺工具，請務必徹底運用。

執行主管設定待辦清單的八大訣竅

在此，我整理前面提到的內容，請各位讀者建立行事曆時，留意以下八大訣竅。

1. 比起自己的預定行程，更應該寫下部屬或團隊的預定行程。
2. 不要用待辦事項填滿整個行事曆，必須事先保留因應突發狀況的時間。
3. 每天為部下騰出一小時的「空白」時間。
4. 交給部下的工作，在行事曆上設定的工作時間是自己動手做時的兩倍。同時預設可用來確認進度及事前檢查的寬裕時間。
5. 主管應該提醒自己，行事曆的內容要以「協助」、「支援」為中心。部下工作愈繁忙的時期，主管愈該盡量待在位子上。
6. 主管隨時要比部下提前半步。看著今天思考明天，看著本週思考下週的待辦事項。
7. 請記住，動不動就開小組會議不是一件好事，畢竟部下工作也很忙。開小組會議的目的不該是為了主管，而是為了部下。
8. 愈忙碌的執行主管，愈該確保屬於自己的時間。執行主管需要獨處（專心思考）的時間，請為自己保留必須的時間。

光是改變行事曆的用法，自然就能注意到「什麼是執行主管該做的工作」。趕快試著實行看看吧。

將行程謄寫在傳統行事曆上，等於整理腦中想法

包括訪客或會議，當部下透過Outlook在我的（數位管理）行事曆上，填入新的預定行程時，我會再把同樣的行程謄寫到行事曆手冊上。這是我每天的例行公事之一。

橫跨兩頁的週間行事曆，左頁記錄每天的待辦事項，從Outlook上謄寫過來的行程就在這裡。

- 十七日（一）：九點至十點半　與A公司開進度確認會議
- 十八日（二）：十點至十一點　業務會議
- 十九日（三）：下午一點至三點　與行銷部開社內會議
- 二十日（四）：下午二點　與B公司開合約會議
  下午四點　與C公司開協商會議

行事曆手冊上寫的內容，與Outlook行事曆完全相同。

或許有人會這麼想，「為什麼要多花這層工大做相同的事，這樣豈不是很沒有效率嗎？」

然而，只要有這本行事曆就能得知所有工作的相關資訊，對我而言，它堪稱是工作上的「指揮塔」。這就是將數位行事曆的內容再謄寫一次的原因，回頭看看，重新謄寫除了能將資訊集中在一本行事曆，「手寫」的動作本身也有其意義與效果。

第一個原因是，透過「親手謄寫」的行動，書寫者會對這份工作產生「歸屬感」，從原本認為是「別人的工作」升級為「自己的工作」。

原本由別人填入數位行事曆裡的工作，經過自己重新謄寫後，有助於讓我們在潛意識中，「承諾」履行這份工作。

一經承諾之後，腦中自然會產生對這份工作的連帶想法及未解決事項。

「上次和A公司開會，部長也有參加嗎？」

「按照預定計畫，星期四和B公司的會議需要提供估價單，〇〇不知道把估價單準備好了嗎？得向他確認一下才行。」

諸如此類，在謄寫預定工作時，腦中同時思考該對部下做出什麼指示或確認，然後，將這些待辦事項寫在清單中。

換句話說，這就是第二個原因。

將Outlook上的預定事項，重新謄寫到傳統行事曆的動作，能幫助我們整理接下來的工作步驟。

在謄寫入傳統行事曆的過程中，腦中不只會浮現該對部下做出的指示，也會整理出一些自己的待辦事項和提醒事宜。

比方說，「這天只要在公司內處理公事，為了方便活動，可以穿得休閒一點，不必穿套裝。」「這天必須和重要的客戶開會，記得穿俐落的套裝」等。

男性的服裝種類雖然沒有女性多，不過，現在這個時代，每家企業對服裝儀容的規定都不一樣，別家公司未必和自家公司相同。

有些公司視打領帶為理所當然，有些只需要穿西裝外套就可以；還有公司實施夏季輕裝政策，為了不失禮，前往開會時不妨配合對方的服儀規定，別打領帶或穿西裝外套，只需穿襯衫赴約。若能像這樣，視場合、時間、地點來配合對方，業務進行起來也會更順利。看到埋頭準備會議資料，忘了留心服裝儀容的部下時，也可以不著痕跡地給對方一些建議。

如上所述，將雲端或數位行事曆上，由部下代為填入的預定事項，以手寫方式再次謄入傳統行事曆，這一個步驟帶來的效果，有時比想像中還要來得大。

自己的部下、上司，以及相關部門的其他人……每天周旋於各種不同工作對象之間的執行主管，不能忽略任何一件工作，為了將每份工作做好，請務必實行這套傳統類比工作術。

Column

為什麼手寫的效果如此好？

本書介紹了許多使用「手寫」的具體方法，並將它視為傳統類比工作術的基礎。關於手寫的效果，是否有任何科學根據呢？下面分享幾個案例。

案例 1

普林斯頓大學的帕姆．繆拉（Pam A. Mueller）與洛杉磯大學加州分校的丹尼爾．歐本海默（Daniel M. Oppenheimer），聯合進行了一項名為「用筆記型電腦做筆記，對整體概念理解及對新資訊的記憶，是否產生不良影響」的研究。

針對這個議題，繆拉與歐本海默做了下述實驗。

將接受實驗的普林斯頓大學學生們聚集在教室裡，讓他們看幾段 TED 演講的影片，並且請參加者觀看影片時，「用平常上課時，自己慣用的方式做筆記」，不限數位或手寫方式。看完影片後，再請學生們針對演講內容回答問題。問題分成兩種，一種是「回答出影片中提及的事實」，一種是「回答出對影片所傳達概念的理解」。

回答結果是，使用手寫方式的學生，與使用數位方式的學生得到的分數大不相同。使用筆記型電腦做筆記的學生，多半有將演講內容「以近乎聽寫的形式，長篇大論記錄下來」的傾向。

另一方面，在回答概念理解的問題時，使用手寫方式做筆記的學生，明顯地得到較高的分數（而回答影片中提及的事實時，兩者的成績則沒有顯著性的差別）。

※引用 DIAMOND Harvard Business Review 網站文章〈為何手寫筆記勝過筆記型電腦〉（二〇一五年十一月五日），http://www.dhbr.net/articles/-/3576

原文出自 "The Pen Is Mightier Than the Keyboard: Advantages of Longhand Over Laptop Note Taking"（Pam A. Mueller and Daniel M. Oppenheimer. Princeton University and University of California Los Angeles）

案例 2

哈佛／耶魯大學的目標研究，雖然經常受到引用，卻也引來根據不足的批判。美國加州多明尼克大學（Dominican University of California）心理學系教授蓋爾．馬修斯（Gail Matthews）為了補充這項研究的證據，決定以科學實驗證明「書寫」與「持有共同目標」的效果。

根據他的研究發現，與只設定目標的人相比，將目標寫在紙上、向別人傳達、持續說明目標的人，達成目標的機率比前者高出百分之三十三。（中略）

「親手寫下目標」為何有效？以下為感興趣的人說明其中機制。

「書寫」這項行為，刺激了「腦幹網狀活化系（RAS）」中許多的細胞。RAS像個過濾器，作用是從大腦必須處理的所有事物中，過濾出「大腦處理當下主動注意的事物」，加強對這些事物的注意力。

換句話說，書寫這個動作能幫助大腦過濾出更多「處理當下主動注意的事物」。

只要一張A4紙，就能達成五週的多工管理

執行主管必備的技能之一，就是「多工」。

一方面必須完成自己的分內工作，另一方面，必須以主管身分確認部下的工作進度。還可能需要視情況，來協助部下、排除失誤。處於同時間會有多項工作正在進行的狀態。

正因如此，執行主管必須具備能夠掌握全貌與當下進度的多工技能。

請回憶一下前面介紹的左右跨頁週間行事曆中，「寫下各項計畫一週內待辦事項的右頁」。對執行主管而言，此頁最大的重點在於，複數執行中的計畫可一目瞭然，幫助自己同時完成多項業務並做好管理工作。

按照一樣的方式，以同時完成複數業務與管理工作為目的，以下要介紹的是將時間範圍稍微拉大的行事曆格式。

這個格式對以下類型的工作最能發揮效果。

■ 在三十至四十天內，同時執行截止日期各不相同的複數（三至五項）業務。

這裡使用的傳統工具，是A4大小的白紙（或筆記本）。我通常愛用A4影印紙的背面空白處，以手寫方式在上面畫出格式。

■ 縱軸為時間：上、下共五星期。

■ 橫軸為工作項目：分成A公司合約更新、B公司合作計畫執行、準備預算會議等。

看到這裡，或許有人會說「用電腦製表不就好了」。但是，考量到能寫入這個格式裡的資訊量，以及使用本格式的方法，不得不說傳統類比的手寫方式，還是擁有較高的方便性。傳統的手寫方式，在自由度與靈活度上，皆比數位製表多出好幾倍，可以做出同時進行多項業務又兼顧管理工作的複雜行事曆。這是我的切身經驗，因為我也曾嘗試使用EXCEL表格，但最後還是選擇用手寫。

接著，在這個格式中填入以下資訊。

1. 每項業務的截止日期（活動正式舉行日等）。
2. 從截止日期往回推，規劃每項業務的待辦事項，分別填入表格中。

步驟就是如此（請參照圖11）。說起來真的非常單純，但不管站在多工還是管理的角度，重點都能一目瞭然。這就是此一格式最大的優點。

請參考下頁圖示即可明白，將多項計畫及業務填入一張表格時，可有以下好處：

- 可俯瞰各項業務的份量與忙碌高峰期。
- 一眼即可看出忙碌高峰期，便能配合忙碌期來微調。
- 設定為五星期，不受月曆束縛，可執行跨月管理。

此外，同時進行不同種類的業務，乍看之下，雖然感覺相當高難度，事實上，我認為反而可利用相異的工作性質，更有效率地完成同步多工。

舉例來說，假設正在進行「更新與A公司的合約」及「製作與B公司的合作計畫書」兩項不同性質的業務。「上午專心檢查與A公司的合約內容，吃完午餐後再轉換

圖 11 A4 紙的五週行事曆，適合管理多項業務

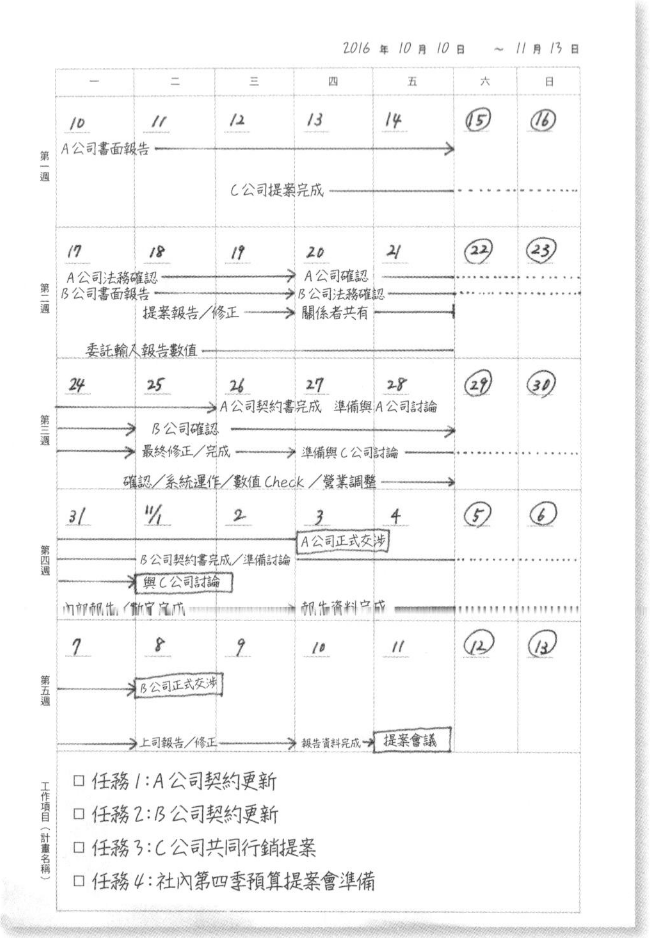

※格式範本，請參照第一八九頁。

以五週為單位，從截止日期回推，填入待辦事項，
連下個月的預定工作也能對應得到，有利於提早採取行動。
非常適合同時進行複數業務的執行主管。

心情，專心思考與Ｂ公司的合作計畫書」，不妨以這樣的步調分配一天的工作。

重點在於「輕重緩急」和「專注力」。

一天之中著手幾項不同性質的業務，有利於轉換心情，而且因為有輕重緩急之分，精神就不會始終保持在緊繃狀態。此外，**分段執行不同業務，也能提高專注力。**關於人類專注力的極限有各種說法，不過，站在這個觀點來規劃行事曆，也不啻為一種方式。

附帶一提，根據腦科學家加藤俊德先生的說法，交互而非同時思考兩個不同主題的「雙重螺旋思考」，能有效鍛鍊掌管意志力與大腦活動力的前額葉。

有一種活用雙重螺旋思考的管理方式稱為「ＴＴ（時間和工作）」。說起來，多工管理和這種管理方式或許很像。

另一方面，若同時進行相同性質的工作，也有另一個好處。「製作Ａ公司和Ｂ公司的資料時，有一半內容可以共用」，如此一來，只要善加利用共通部分，不就能提升工作效率了嘛。

將這個好處與團隊成員分享，間接提升整個團隊的工作效率，也是這個行事曆格式帶來的小發現。

同時進行的複數業務愈多，就愈需要以「多層次」、「多面向」的方式管理工作，而這正是執行主管必備的能力。

為此，不能只使用單一管理工具，最好配合使用複數格式的行事曆。本節介紹的行事曆格式，可以說是同步多工的執行主管們，不可或缺的工具。若想提升身為執行主管的能力，建議不妨嘗試看看。書末附上本行事曆的範例格式，請務必多加運用。

讓「組織圖」幫你找到工作助力

「我最喜歡組織圖。」當我還在擔任執行主管時，經常毫不諱言地這麼說。可能會有人說：「你的嗜好也太奇怪了吧。」不過，組織圖真的是十分有幫助的工具。

跨部門組織團隊，共同執行一項業務時，是我最倚重組織圖的時候。當我向客戶提案，就會在Power Point結尾多加一頁，打上「本公司將以此編制執行專案」的標題，說明參與這項業務的公司成員與編制。

例如，「業務一課〇〇〇，業務二課〇〇〇，行銷部〇〇〇……」再配合每個人的大頭照，向客戶一一介紹各負責窗口及其隸屬的部門。這種做法是對客戶的自我宣傳，讓客戶知道——

「敝公司會動員這麼多人為貴公司服務！」

這種做法往往能夠獲得客戶好評，而且經常提醒自己，「**自己身邊有這麼多人力資源，能仰賴的人如此多。**」這點也是很重要的事。

身為執行主管，最重要的工作就是推動周遭的人執行工作，發現這點之後，我手邊隨時都會準備好一份組織圖。

成為執行主管之後，光靠部門內的資源是無法做好工作的。

舉例來說，業務主管的工作不可能只與業務相關，為了計算營業額及管理預算，必須借助財務專家的專業知識；因為業務所需，必須向客戶說明技術上的事項時，也得仰賴技術部門的支援。

正如我過去的經驗，察覺執行主管的工作需要動員不同領域的專家之後，你一定也會發現組織圖就像一座寶山，裡面充滿對工作有益處的資源。

所謂的組織圖，並不需要是太特別的東西。

在人事異動或辦公座位調動時拿到的座位更新表，或者公司內部分發的簡易組織圖、內線電話表等就可以了。拿到這樣的組織圖後，請慎重保管（雖說是社內資料，畢竟也屬於個人資訊）。由於我從來不會把行事曆手冊帶出公司，所以把組織圖直接夾在手冊裡，是最萬無一失的方法。

每當我在思考計畫進行的方式時，總會將組織圖放在手邊盯著看。「啊，如果請某某部門的人提供協助，提供給客戶的提案內容就會更豐富了。」諸如此類，腦中浮現各種商請其他部門協助的點子。

事實上，我之所以察覺組織圖的重要性，起因來自剛當上業務部長時所犯的重大失誤。

那時，我才剛當上部長，營業額就未達預算目標，上司指示我擬定一份填補營業額缺口的計畫書。

當時的我，連該怎麼當部長都不知道，一心以為凡事都得靠自己，明明自己並非財務方面的專家，卻一個人埋頭拚命計算數字。結果不出所料，我呈報給上司的是錯誤的數字，而且還用這份錯誤的數字在社長面前做了簡報。

如果因為這個失誤而被革職也不讓人意外，但從這之中，我學到了一件事，那就是「今後即使是自己的工作，也應該商請各部門專家來協助」。以這個例子來看，我應該做的其實是請公司財務部門幫忙，借助專家的力量擬定一份正確的數字。

這次痛苦的經驗因此成了我愛上組織圖的開端。

公司裡有許多不同領域的專家，若能借助大家的力量，工作品質一定能確實向上提升。**執行主管的力量，與能借助的公司內部人脈力量成正比**，我想即使這麼說也不為過。

正因如此，在建立前述給部下的「交辦事項表」時，組織圖也能派上用場，不妨給部下這樣的建議：

「去請教製造部門的〇先生，或許能得到答案。」

「系統部門的〇先生可能知道該怎麼做。」

組織圖不僅可以水平看，也可以垂直審視。

比方說，假設系統部門的△部長，以前曾是自己部門上司的直屬部下，那麼。透過上司和△部長，或許就可以得到〇先生的協助。

一方面借助公司內眾多人力資源的力量，一方面有效率地推動工作，就是執行主管的工作精髓；而動員各種人力做出工作成果，則是執行主管的職責所在。秉持這樣的觀點，今後也請務必善加利用公司組織圖。

第3章

提振士氣，讓「溝通」更順暢的筆記技巧

以手寫方式為文件「注入生命力」

正如第一章所述，過去身為執行主管的我，在執行職務時經常感覺到「數位工具的極限」。

話雖如此，也不可能給出「今後執行主管所有文件資料都要手寫」的建議，這等於違反時代潮流，是開倒車的行為。

電子資訊工具的出現，大大提升了白領工作者的效率。若只因為世代差異而排斥數位工具，對現代職場上的工作者而言，可是一人損失。

不過，**當上執行主管後，數字資料與文件的使用目的大幅改變**，從原本「為自己準備、自己使用」，改變為「為團隊準備、提供給團隊成員使用」。只是把電腦裡的EXCEL檔案列印出來、發給眾人，或是在電子郵件裡附檔、在雲端分享，都稱不上是善盡職責。

- 部下未必會如自己期待地熟讀那些數字。
- 光是告知數字，部下無法承諾一定能達到目標。

我深知光是分享、分發數位資料，並不算盡了執行主管的職責，這乃是過去從多次失敗經驗中學到的教訓。

舉例來說，當手邊有一份EXCEL資料，上面顯示營業額比去年衰退，資料上的數字呈現滿江紅。

看到這份資料，部下或許會感到壓力，甚至導致工作意願降低。然而，事實上可能是去年同期，市場上剛好有「特殊需要」，在這種狀況下才拉高了營業額。也可能表面上營業額衰退，整體收益卻是提高的。換句話說，看到報表上的滿江紅，也不一定得那麼悲觀。

說得簡單一點，執行主管應該做的不是單純與部下共享情報，而是想辦法讓部下正確理解狀況，進一步認同自己接下來該執行的工作。

不要把力氣花在製作數據資料上，而是**將「數字背後的故事」告訴部下，讓他們理解目標設定的意義**。在發下去的資料上貼張紙條，多加句話就能達到這個目的。把力氣花在這類「溝通」上，才是執行主管該做的工作。

為了達到此目的，我實行的是「以手寫方式為文件資料注入生命力」的技巧。

當然，不少應用程式也附有手寫功能，可以在文件上插入對話框，將要說的話打在裡面……，不過，前面章節中也提過，這麼做其實比想像中費事。

追根究底，EXCEL本來就是為了處理資料而存在的應用程式，「溝通」並非這套程式的主要目的。

使用數位工具溝通時，還是會面臨功能上的極限，有可能對話框裡字太多、太小、太擁擠、糊成一片，或者插入對話框就擋住底下的數字等。

到最後，我還是選擇將EXCEL檔列印出來，在空白處寫上備忘事項或以便利貼補充資訊。就共享資訊情報而言，這樣的方式最能順利達到目的。

這樣的補充附註，也可避免發生數字或文字主導一切的狀況。數字乍看之下客觀，其實解釋可因人而異，反而是很主觀的東西。

畫線圈起重點，在空白處寫下補充的重點；希望部下特別注意的數字，用螢光筆來強調，或者以便利貼補充附加資訊……這些都是可以運用的傳統類比方式。

只是多一個步驟，立刻在枯燥乏味的文件資料上增添了「心意」，成為一份能令部下從中感受到「上司的意圖與想法」的文件資料。所以說，手寫是傳達上司熱忱的管道。

相信在大量數位電子數據資料中，加入的手寫留言及說明，一定能夠發揮超乎想像的存在感。

一份傳達「熱忱」的留言便條或筆記，會為管理工作帶來正面影響。下一節將介紹手寫為管理工作帶來的實際成效，請務必體會看看。

「數字背後的故事」是士氣的關鍵

站在管理的觀點，搭配EXCEL檔案及從數據資料庫輸出的資料檔案，就能以最大限度發揮手寫紙條與留言的效果。過去，最能讓我全力發揮傳統類比工具「稍加補充」效果的工作場合，則是部門內的業務會議。

在發下去的資料上，「按照不同客戶」整理出「每月銷售數據」，或是「按照不同產品」整理出「從實際成績預測未來走向」等「一整年」的數字。

除了自己負責的客戶外，其他業務窗口的數字和部門整體的數字都清晰地列在資料上。因此，那會是一份龐大的數字資料，必須用A3大小的紙張才能全部印出來。

業務會議的目的如下：

1. 讓所有與會者正確理解數字的意義。
2. 和所有與會者建立共同且正確的目標。
3. 讓部下能在沒有壓力、心態健全的狀況下投入業務。

這三點是身為執行主管的我，必須完成的任務。

為此，才要在乍看之下枯燥乏味的數字排列旁，加上手寫形式的補充說明。「教導部下正確解釋數字所代表的意義」正是手寫留言的最大目的。只在部門內傳閱的資料上，可以用螢光筆標出希望部下特別注意的數字，而第一線業務給的建議則可寫在數字旁邊。

此外，也可以將從數字中看不出來的「背後故事」，手寫補充在旁。

- A公司的本月業績和上個月相比，為何跌了這麼多？
- 和上一季相比，B產品銷售量急速成長的原因是什麼？
- C公司這一季狀況看似不錯，能達到季初設定的目標嗎？有沒有辦法再提高銷售量呢？
- 第三季的部門整體預測數字比預算少了許多，原因出在哪裡？

就像這樣，只要事先將參加會議者可能想知道的資訊情報，以手寫方式添加在數字旁，就可以獲得如下的雙重效果：

■提高與會者對會議內容的興趣，會議進行起來更有效率。
■能將第一線的真實狀況，傳達給無法即時掌握業務現況的經營高層。

要製作這樣一份資料，當然需要先做準備。

如果光是對部下說，「請各位在截止日前，輸入實際銷售業績和預測數字。」像這樣機械式地丟出要求，絕對拿不到第一線的實際數字。

「這個數字真的已經是極限了嗎？」
「會不會其實有保留緩衝範圍？」
「會不會只是姑且列出容易銷售的商品，讓數字看起來漂亮而已？」

這類數字背後的真相，只有採用傳統方式才有可能完全釐清，讓你得到正確的答案。

銷售數字對業務員來說，就是他的「成績單」。當然上司一定會嚴格追究數字，而業務員想盡可能平安地度過業務會議，也是人之常情。因此，會議前只靠冰冷的電子郵件聯繫，恐怕很難從部下那裡獲得第一線真實的狀況。

嘗試過各種方式後，我在錯誤中學會，**最好的方法就是親自走到每一個部下辦公桌旁，聽他們描述第一線目前的狀況**。這個方法乍看之下效率差，其實正好順利發揮

圖 12　除了目標和數字外，還有非得告訴部下不可的東西

A 公司的業績為何跌這麼多？

B 公司銷售量急速成長
的原因是什麼？

原因

故事

意義

	甲產品	乙產品	丙產品	與前年對照
A 公司	57,000,000	4,500,000	1,200,000	79.2%
B 公司	26,000,000	1,200,000	6,000,000	167.7%
C 公司	15,000,000	0	0	100.0%
D 公司	8,600,000	0	0	107.5%
E 公司	2,200,000	0	0	91.7%
F 公	13,000,000	5,200,000	1,200,000	89.7%
合	121,800,000	10,900,000	8,400,000	

背景

感想

能達到季初設定的目標嗎？
有沒有辦法再提高銷售量？

必須確認部下是否正確理解目標及數字等重要資訊，
認同並接受接下來的做法。

了「傳統類比型」的特質而奏效。

「總經理下星期要去總公司，必須製作一份數字報表，讓他帶去報告。所以，請把近期最高的營業額及預測後續最佳營業額列出來……」

預測數字太高不行，太低也不行。我會在部下辦公桌旁蹲下來，直接問出「實際數字」。

剛開始部下多少都有戒心，不過，只要當面表達自己真正的想法，也讓部下知道自己是認真對待此事，同一部門的團隊成員就會逐漸釋出真正的資訊。

用這種方式建立互信關係，以此為基礎，將獲得的資訊寫入報表中，數字背後的故事自然會清楚浮現。

「啊，他負責的這個客戶，最近狀況不太好。」

「本月完全不用擔心這邊呢，真該在上司面前好好讚揚他。」

只有面對面，才能得到這樣的真實資訊。

業務會議的氣氛往往劍拔弩張又沉重，我希望能為這樣的會議注入一股積極的氣氛。

擔任執行主管時的我能有這般心思，或許正因為察覺到手寫留言的效果，進而從中獲得積極向上的原動力。

從管理觀點出發，善用「便利貼」對話

介紹活用手冊的方法時，我曾建議大家多加利用便利貼。事實上，在溝通方面，便利貼也是相當出色的工具。

「當上主管後，最好多方善用便利貼。」這是我切身的感受。當我還是執行主管時，不曉得已經用掉多少正方形的黃色便利貼，將文字寫在上面，真的很方便閱讀。

為什麼應該善用便利貼呢？理由如下：

- 可以為資料或命令「注入生命」。
- 為面對面的溝通增加額外補充。

便利貼可以說是最強的傳統類比型工具。

舉例來說，當部下或上司剛好不在位子上，你卻必須把文件或資料放到他們的辦

公桌，這時，附上一張便利貼是絕對鐵則。

如果是向上司報告，可以這麼寫：

「這是和Ａ公司開會所需的資料。想請您給一些反饋意見，明天早上會再來向您請示。」

像這樣對上司提出請求。

如果是給部下的指示，則可以這麼寫：

「這是下午會議要用的資料。關於○○技術的資訊，裡面寫得很清楚，所以發給大家，也可以提供給客戶參考。」

像這樣對部下說明原因。

即使是出現在桌上的陌生資料，只要看到另外附上的手寫便利貼，相信沒有人會對這份資料視若無睹。

就算對方不會認真研讀資料，至少會把便利貼上的文字看過一遍。光是這樣，就有其價值了。說得極端一點，只要加上一張「請務必一讀！」的便利貼，往往就能收到很大的效果。

我會在指示部下工作的資料上，貼一張簡單寫著進度時間表的便利貼。有些人撕

圖13 對執行主管來說，便利貼是工作上的最強武器

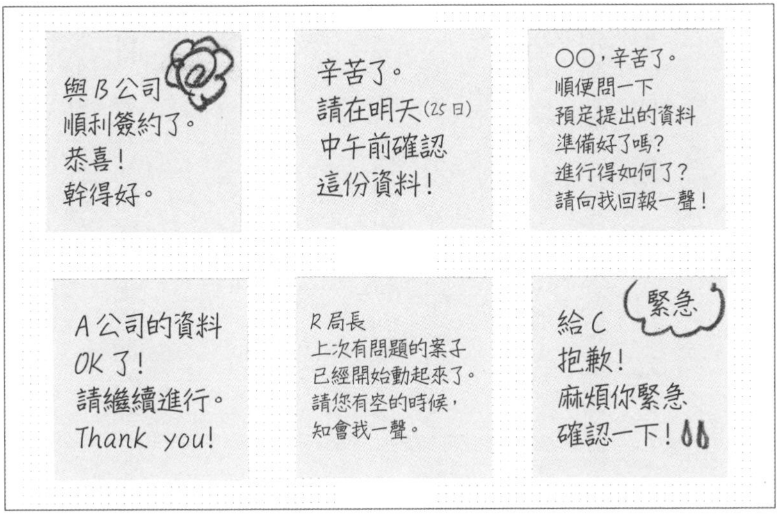
與B公司
順利簽約了。
恭喜！
幹得好。
辛苦了。
請在明天(25日)
中午前確認
這份資料！
○○，辛苦了。
順便問一下
預定提出的資料
準備好了嗎？
進行得如何了？
請向我回報一聲！
A公司的資料
OK了！
請繼續進行。
Thank you!
R局長
上次有問題的案子
已經開始動起來了。
請您有空的時候，
知會我一聲。
緊急
給C
抱歉！
麻煩你緊急
確認一下！

透過便利貼溝通，
就能發揮如同面對面的效果。

下來後，會乾脆把這張便利貼直接貼在電腦旁。

「請於十九日（三）傍晚告訴我進度」。

只要寫上這樣的留言，對容易忘記截止日期的部下來說，這張便利貼立刻化身為待辦事項備忘錄。

此外，便利貼也能強化當面溝通的力道。

比方說，如果自己外出時，部下順利拿到某公司的合約，在我桌上留了需要簽名的文件。

我當然很想當面慰勞部下，稱讚他一聲「堅持這麼久，辛苦你了！太好了！」可惜的是，當我回公司時，部下又正好外出，便錯失當面稱讚的機會。

這時，就是便利貼派上用場的時候了。

只寫上「辛苦了！恭喜你！」也可以，加上雙圈圖案表示嘉許也行。手寫留言的便利貼，具有與面對面相同等級的效果，尤其是上司對部下的時候。

「便利貼」加「手寫」的好處，在於可以自然地做到傳達心意的溝通。正因隨性不做作，反而能順利將心意傳達給對方。

■確認過部下提出的文件，要還給對方而他正好外出時：
在文件貼上寫著「謝謝！」的便利貼。

■在部下給你的便利貼上「多加一句話」，再還給對方：
在寫著「田島小姐，資料幫您影印好了」的便利貼上，將上面的「小姐」劃掉，重新寫上「○○，謝謝！」再將這張便條紙貼回部下桌前（請參照圖14）。

上司透過便利貼向部下表達小小的「慰勞之意」，也能讓部下擁有成就感。

除此之外，手寫便利貼更能向部下傳達「上司確實看見你做的工作了」的訊息。**傳遞出上司「看到了」的訊息，能夠提高部下的工作意願**。因此，我建議不只是對部下，對部門裡的派遣員工或工讀生都可以這麼做。

為什麼會有這樣的效果呢？

因為對沒有人事考核成績也沒有業績目標的這些人來說，日常工作上獲得的感謝與慰勞，正是他們工作上最大的成就感。

如果擅長畫圖，還可以在便利貼上添加小插圖。不過，這種做法得慎選對象。假設你平常是個和部下關係不熱絡的冷靜型上司，小插圖或許可帶來正面意義的「形象落差」，對建立彼此的信賴關係可能產生好的效果。這種時候，不妨用小插圖裝一下可愛吧。

便利貼的作用不只是單純的便條紙，從管理的觀點重新檢視便利貼，會驚訝地發現這是一項多麼好用的工具。幾乎所有公司的備用文具裡都有便利貼，既然公司提供了這麼好的資源，也請大家務必多加善用。

圖 14 在部下的便利貼上「多加一句話」，並交還對方

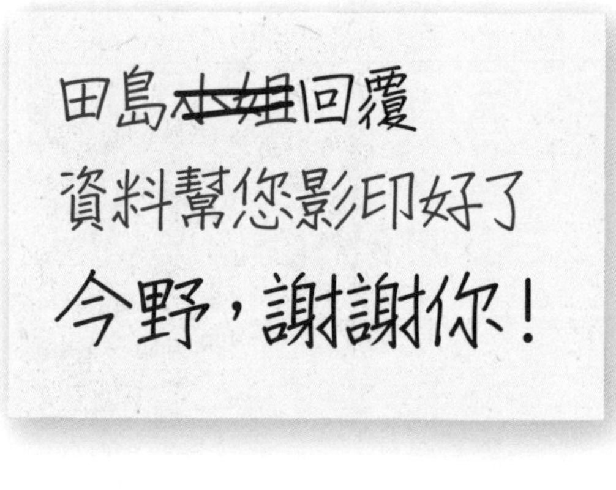

若你還不習慣對部下開口說「慰勞之詞」，
不妨透過這種便利貼的回覆方式表達。

用A4回收紙製作摘要，提高傳達力

如前所述，將文件或資料交給對方時，加上便利貼當然是一個提高工作效率的方法，不過，有時光只有這樣還不夠。

比方說，當你交給對方一疊內容紮實的厚重資料，一張便利貼肯定寫不下所有摘錄出的要點。

這種時候，我最常運用的就是A4回收紙的背面。

用紅色水性簽字筆在回收紙背面寫上內容摘要，尤其是特別希望對方一讀的部分。再將這張紙夾在整疊資料的最上方，然後交給對方。

這一招用在忙碌的上司身上特別有效。

前面介紹過，我在微軟公司工作時，必須管理隸屬部門的全體營業額相關數字，這份工作經手的資訊量相當龐大。

在我的主管對總公司進行提案簡報前，我必須將這些數字整理成一份供主管參考的資料。由於他工作繁忙，所以我可以想像得到，要是這份參考資料內容繁瑣、充斥

圖15 在回收紙背面用紅筆「手寫要點」，
讓忙碌的上司確實接收到重點。

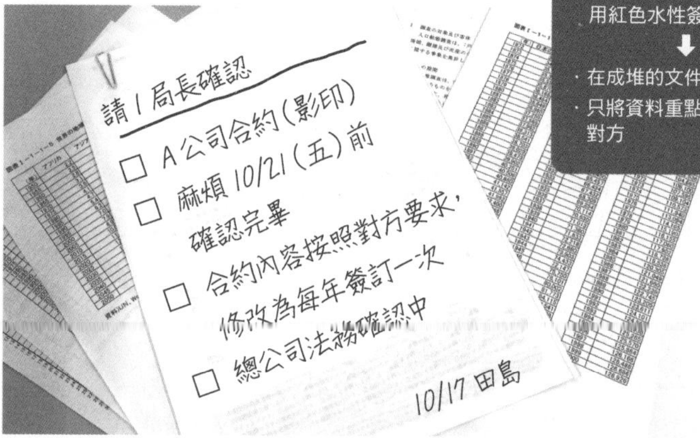

用紅色水性簽字筆手寫
⬇
· 在成堆的文件中特別醒目
· 只將資料重點有效傳達給對方

愈希望對方看的資料，愈要寫出簡潔顯眼的摘要，
大字則是對年長的上司特別有效。

大量數字，拿到資料的主管，一定會產生「什麼？這些全部都要看完嗎？」的感覺。

既然如此，我該怎麼為上司整理這份資料呢？思考的結果，我決定將特別重要的要點，用紅色水性簽字筆寫在A4回收紙背面，隨資料一同附上（請參照圖15）。

當然，一定會有人認為用電腦製作這份摘要，比較符合邏輯，那麼做也沒有錯。不過，以紅色水性簽字筆手寫的摘要，放在堆滿資料文件的辦公桌上時，絕對不會被忽略，這也是不爭的事實。其效果就像一個穿著T恤、牛仔褲的人，站在一群穿正式西裝的人之中一樣。

此外，採用較大的字體寫下摘要，將更容易讓內容進入對方腦中。尤其是年長的上司，已經看不太清楚小字，如果看到文件上的手寫大字，反而會比較高興，這也是個意想不到的附加效果。

另外一個好處是，為上司整理摘要，就代表自己得先理解整份資料的要點。對我來說，這麼做也能再次加深對資料的理解。

在《數位時代更要借助手寫的力量。使用吧！表達吧！》（和田茂夫著）一書中，看到下面這段文章時，我忍不住用力拍打了大腿，因為這和我做的是一樣的事啊！

說到底，手寫究竟能改變什麼？我想，改變最大的應該是「溝通的性質」吧。用電腦打出的資料，很難避免「給不特定多數對象」的印象。（中略）比較像是一種「大眾溝通」。

相較之下，手寫文件則毫無疑問的是「個人溝通」。（中略）因此，收到這份手寫資料的人，也會覺得「這是特地為我製作的資料」、「這份資料是花時間用心做的」、「這是世界上獨一無二的資料」。（中略）

手寫的力量，簡單來說，就是「個人溝通」的力量。

在職場上工作的人，必須具備從龐大資訊量中，篩選出重要部分的能力，也必須懂得如何在提案、判斷或決策時運用這些重點。

因此，或許「手寫摘要」乍看之下只是瑣碎的小事，事實上，卻是我們思考如何幫助讀資料的人，提高上述能力時，可以善加運用的技巧之一。

以「傳閱板」打造團隊力

比起單純的執行者時代，當上執行主管後，工作上的權限增大了。這意味著執行主管有權在部門內制定一些小規則，或增添一些小變化。

過去，我便嘗試在部門內帶動「傳統類比型傳閱板」的做法。

我去了一趟文具店，買來常見的A4大小傳閱板（上方會附帶夾子）。然後，將寫有「這些請一定要看過」的重要事項列印後，夾在板子上，再貼一張親手寫上訊息的便利貼或便條紙，請部門同仁傳閱。

「為什麼要用傳閱板，以為還是十幾年前嗎？」

或許會有抱持這種想法的部下，不過，我的目的是徹底執行「與團隊成員分享資訊情報」，所以為達目的，不問手段。

實際嘗試這個做法後，意外發現效果非常好，驚人地完成了「共享資訊情報」的目的。

不過，比起這個目的，傳閱的過程中還發生了效果更好的事。因為，將傳閱板拿給下一個人看時，同事之間往往會順便提起其他工作上的事項，因而增加了許多面對面的溝通機會。

在現代職場上，即使身在同一家公司，習慣只用電子郵件或通訊軟體交談的人，真的增加了不少，許多辦公室內往往鴉雀無聲。

在安靜的環境下辦公，或許確實能提高生產力，這一點不容否認。然而，太安靜的環境也會讓人不好意思提問小事，或者不敢開口閒聊與工作相關的事，這種氣氛嚴肅的職場真的好嗎？說不定因為這樣，反而扼殺了在閒談中浮現的創意，也可能失去在對話中即時發現問題的機會。

像這樣的辦公室，能稱得上是提高生產力了嗎？根據心理學的分析，**能踴躍地當面溝通的組織，擁有較高的向心力，團隊力量也比較強大**。身為執行主管，若能積極促進這樣的溝通，等於間接地加強團隊工作效率及成果。

這麼說來，輪流傳遞「傳閱板」的重點，就在於「盡可能把板子傳給正坐在位子上的人」。

只要對方在位子上，就能面對面將傳閱板交給對方，這時，便會引發兩人之間的對話，像是「對了，上次那件事進行得怎麼樣了？」等。

圖16 傳閱板是一種團隊溝通的工具

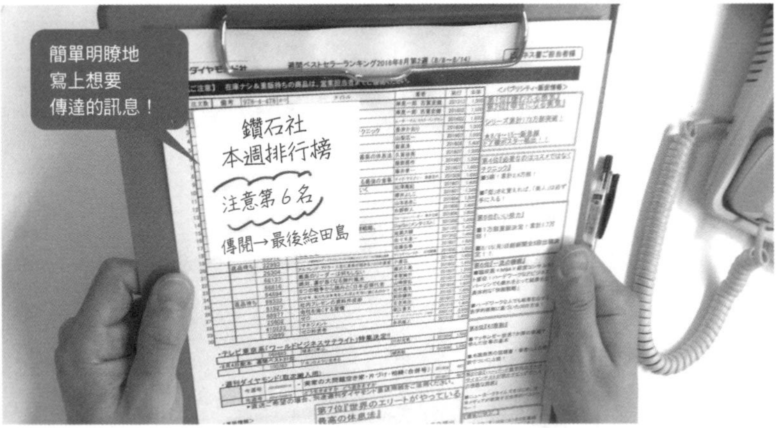

太安靜的辦公室就需要增加交談的「機會」，
傳閱板是最適合的工具，重點在於要「當面親手交給對方」！

不須大費周章思考交談內容，就算只是稍微提起「上次那件事……」也可以。比如：「請傳閱下去，對了，關於上次那個案子……」或「〇〇，我把傳閱板放在你桌上喔，還有，上次那件事現在情況如何？」等。就像這樣，面對面溝通的時機就能因此增加。

想在職場上與同事建立互信關係，就一定要記住「**比起偶爾說句名言，不如累積日常中的五秒交談**」，這是我經常強調的觀念。在部門裡增設傳閱板，等於增加部門同仁的溝通次數，累積日常中的五秒交談。這麼做，對於強化團隊向心力有幫助，也會為提升團隊業績帶來正面影響。所以，別忽視這小小的傳閱板，力量可是相當大。

讓部下更加積極的「五分鐘情報分享」

各位主管平常是否確實地將手頭的資訊，與部下共享了呢？

我在擔任業務部長時，特別用心經營團隊，當時經常提醒自己的事項，其中之一就是「特地對部下洩漏情報」。

身兼管理階層的執行主管，手頭匯聚的資訊往往比自己想像得還多。

舉例來說，像是經營會議、管理會議等只有主管級參加的會議內容，如果不特地與部下分享，他們根本就無從得知。

因此，我經常提醒自己刻意將資訊情報「洩漏」給部下。其中，我特別留意的是，**將尚未決定的事項的「討論過程」，與部下分享**。

或許有人會認為，尚未決定的事沒必要一一告知部下。

然而，站在部下的立場，上司的指示經常是「突然掉到頭上的差事」。

主管們因為參與了整個決策的討論過程，所以很清楚公司為何決定做這件事。相較之下，部下會覺得「本月底前要把○○完成」，只是一個突如其來的指示。為什麼期限是本月底？完成〇〇的目的是什麼呢？如果不讓他們理解並認同背後的原因，便很難打開工作意願的開關。

如上所述，上司掌握的資訊情報，經常和部下得知的資訊情報產生落差。當我發現這點之後，開始刻意將只有我參加的會議內容，與團隊成員分享。

並且以此為前提，參加會議時，我會盡可能在拿到的資料上，寫下補充事項及自己的看法，為這份資料「注入生命力」，製作成一份部下也能輕易理解的資料。

會議結束之後，我會立刻將這份資料影印，將部門裡的人集合起來（當下有多少人都沒關係），然後大約花個五分鐘，一邊將資料發給所有人，一邊說明內容。話雖如此，對部下而言，要記住自己沒參加的會議內容，並不是一件簡單的事。因此，我會一邊說明，一邊請他們用紅筆把重要的地方圈起來，藉此加深印象。

透過公開的行事曆，部下都知道我參與了什麼會議。比較有警覺性的部下，會明白自己的主管「今天參加的好像是很重要的會議」，而且一定會想知道會議內容。

利用部下集合起來的這五分鐘，我便不落痕跡地讓他們產生參與感。

「雖然是還沒決定的事，今後想必會產生許多和這件事相關的工作，所以現在先讓你們知道這個重要消息。」

就像這樣，和部下分享某項工作的來龍去脈。**這種「傳統類比型」的五分鐘，正是與在意會議內容的部下，建立互信關係的大好機會。**

如果有部下剛好不在位子上，只需要在印好的資料，加一張手寫的便利貼來說明，並放在他們的辦公桌就行了。內容可以之後再解釋，或是請其他部下代為轉告。只要平常記得和部下分享公事的決定過程，部下就不容易產生「差事忽然掉到頭上」的感覺，接獲工作指示時，也能想起「啊，這就是上次說明的那件事」，因而對工作產生理解與認同，自然願意積極主動地完成工作。

有一種上司具備強烈的領袖氣質，即使永遠默不吭聲，部下仍願意二話不說地跟隨到底。這樣的上司當然也很令人羨慕，不過，像我這種普通上班族終究無法做到。「雖然還沒有正式決定，但是先讓你們知道可能會發生這樣的事，所以心裡請先有個底。」

這種「只能意會不能言傳」的事，用數位工具其實很難表達，只能用面對面的「傳統類比」方式傳達。由執行主管準備好「會議資料」加「手寫筆記」，再加上「口頭說明」，以多重的傳統類比方式傳達訊息，這種做法對於帶領團隊共創佳績，效果可是超乎想像的大。

與部下面談時，徹底做好「書面紀錄」

和別人談話時，看到對方把自己說的話寫下來，是否覺得有點開心呢？應該會產生「對方有好好在聽」、「對方很重視我說的話」的感覺。

現在這個時代，可以使用電腦製作會議紀錄，確實很方便。不過，在一對一談話時使用電腦，總讓我覺得不太好。

這種時候，不看著對方的臉說話，反而對著電腦螢幕，對某些人來說，或許會讓彼此多了一道牆，造成心理上的隔閡。因此，我希望身為執行主管的各位，在和部下談話時，最好養成動手記下來的習慣。

和上司談話時，習慣一邊動手做筆記的人應該不少吧。知道對方有聽進自己說的話是一件令人欣慰的事，關於這點，不管上司或部下都一樣；而且，**如果是上司將部下的話寫下來，帶來的喜悅更大。**

換句話說，與部下面談時動手寫筆記的動作，看在部下眼中意味著「上司願意傾聽自己說話」。

寫在筆記本或行事曆手冊上當然可以，不過，部下通常會帶資料來，我建議就直接寫在資料的空白處，讓資料和筆記合為一體，資訊也比較集中。

部下的視線會集中在上司的手上，想知道他記錄的是哪句話。一邊聽部下說話，一邊說著「原來如此」並寫筆記的上司，看在部下眼中就是「願意好好聽自己說話」的主管，可能也將因此獲得「趁機把工作上煩惱的事全部坦白吧」的勇氣。

當雙方需要深入談話時，地點經常是在會議室。這種時候，白板就能派上用場。如果正好有這樣的機會，希望各位可以嘗試「扮演與平常不同的角色」。讓部下主導會議（談話），上司則專心負責會議（談話）紀錄。

會議紀錄原本是部下的工作，一旦改由上司擔任時，會發生什麼事呢？從部下說的話中，擷取要點寫在白板上，由部下確認主管的理解是否正確，就能藉此疏通彼此的觀念和想法，取得共識。

遇到不容易開口或不好意思與上司議論的主題時，白板又能發揮另一個效果。面對面坐著談話，對部下來說往往太過緊張。相較之下，「站在部下斜前方且背對他、面對白板的上司」，就不容易造成部下的壓力。

進行面對面的討論時，上司的一句「關於這點，你好像說錯了」，往往像顆毫不

圖17 一邊聽部下說話，一邊寫下筆記

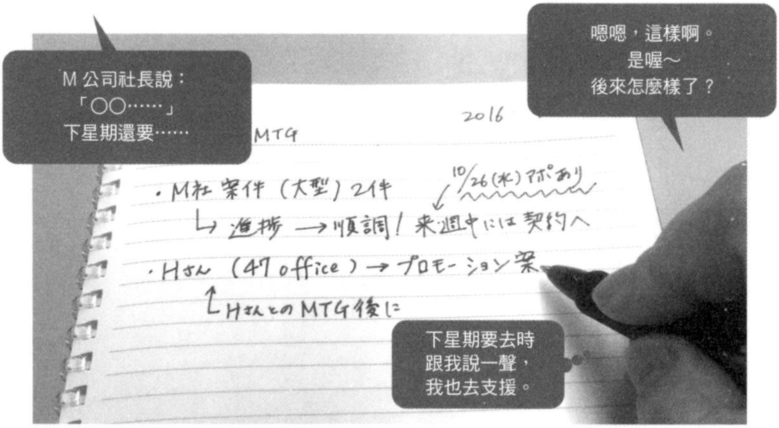

寫下筆記不只是為了記錄，
更重要的，是向部下傳達「我正在認真聽你說話」的訊息。

留情的直球，令部下感到自己遭受嚴厲指摘。然而，若改成一邊看著白板上的摘要，一邊說「我寫下的這個部分，這樣理解對嗎？」用這種方式對部下投出變化球。此時，受上司指摘的是「白板上的字」，而不是部下，部下的感受也會完全不同。白板像是一個緩衝墊，部下與上司「一起完成白板上的課題」，攜手面對問題，也更容易以坦率的態度交談。

善用這種傳統類比方式的效果，讓平日的一對一談話成為建立團隊向心力的基礎。尤其是原本和上司關係較疏遠的部下，更可積極運用這種方式，築起工作上的互信關係。

辦公桌前的「提高向心力的布告欄」

「想讓部下知道自己的想法」、「希望部下提起幹勁」、「不希望部下產生誤會」等，都是上司管理部下時的目標，為了達成這些目標，有很多傳統類比工具是能加以善用的。其中，我實際運用的一項就是**「特地將團隊業績印出來張貼」**的**「布告欄」**。

許多業務取向的公司，會將業務員的業績做成柱狀表格，張貼在辦公室裡，排名第一的業務員還會被貼上紙花或緞帶表揚，這是常見的做法。

我的做法沒有這麼露骨，只是以月為單位，將自己團隊成員的業績進度表列印出來，貼在自己辦公桌前而已。桌前設有低矮隔板，這裡就是我固定張貼部下業績的「布告欄」。雖然只要打開電腦，就能隨時查閱業績進度，我還是特地將表格列印出來，貼在隨時看得見的地方。

表格上有本月目標數字，按照不同客戶分別列出業績數字，除了預設目標之外，目前已達成的業績進度也能一目瞭然。

當部下到我桌邊報告：「已拿到A公司○○臺的合約」時，我會一邊說「太棒了！抓住一個大客戶囉！」一邊拿筆在「布告欄」補上這一筆。

另一個部下則來報告：「B公司可能會連印表機一同簽約。詳細情形我正和負責此案子的G部長釐清中……」我也會一邊回應：「要是能談成就太好了呢！」一邊拿筆在「布告欄」空白處，寫下「B公司，印表機有望追加合約」。

不管怎麼說，這些最後都會更新到電腦裡的檔案夾，但在彙整前的階段，我會先用手寫方式將業務進度、部下報告的內容，以及暫定更新的數字等，全部寫在「布告欄」上。

剛開始，貼這張紙只是為了自己，不料漸漸地，這張紙開始成為部下們「情不自禁在意的布告欄」。

部下們發現我會在這張紙上，更新進度狀況或手寫紀錄後，開始主動向我報告這些事項了。甚至有些部下會在我工作時站在一旁，兀自盯著「布告欄」研究。

雖然沒有寫上負責窗口的名字，大家都很清楚A公司或B公司由誰負責。透過「布告欄」確認整體團隊的業績進度後，部下自然會有「咦，這個月○同事負責的A公司業績很好呢！」或「我負責的B公司得再加把勁了，否則無法達到目標數字，團

圖18 祕訣是要貼在辦公桌前「看得到的地方」

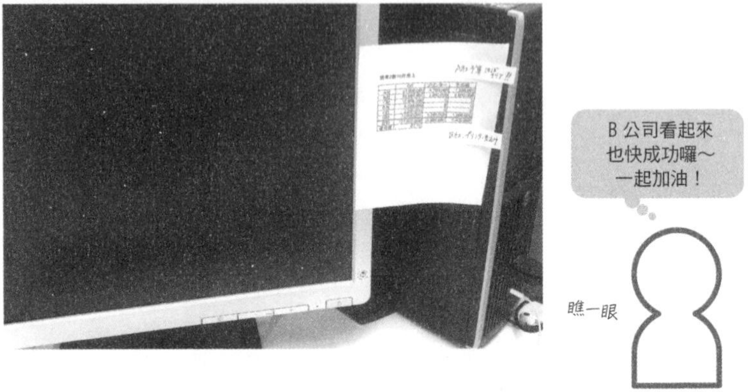

刻意將這張紙貼在電腦旁，以注意進度。
部下都能看到上司的辦公桌，因此效果絕佳。

隊業績也會受到影響。」等判斷。就是這張即時更新的「布告欄」，幫助他們思考業績狀況。

部下之所以不會對此反感，或許是因為它並非大大張貼在牆上，也沒有發給團隊每位成員。充其量只是我為了方便，貼在自己桌前的資訊，卻在無意間成為與團隊成員分享的情報。

執行主管的辦公桌和行事曆手冊一樣，對部下都是透明公開的。除了「被誰看到都沒關係」的內容之外，以刻意被看見為前提而公開的內容，只要多花一點工夫，就能提高團隊的向心力。這張「悄悄放在自己辦公桌前的布告欄」，就是一個很好的例子。

以「預定行程白板」抓住談話機會

「預定行程白板」可被視為一種溝通工具，用來讓我們掌握對話的時機。

雖然現在已經是用電腦管理出缺勤的時代，相信不少辦公室內仍會掛上寫有同事外出行程的大白板。

「預定行程白板」在這個時代，仍出乎意外地實用。就我的經驗來說，對執行主管尤其是一項有效的資訊來源。

舉例來說，就算部門所有人以Outlook共享彼此的預定行程，想察看時還是多一個的步驟，必須「點擊滑鼠，叫出檔案」。此外，有些公司根據資訊安全規定，即使上司能看到所有部下的預定行程，同事之間卻無法看到彼此的行程。

然而，掛在辦公室內的大白板，只要抬頭一看，就能得知所有人的預定行程，相較之下方便許多。看一眼就知道，「啊，〇〇去A公司推廣業務了」，掌握同事們的行程。

我們若能善用這個傳統類比工具，也可以在辦公室內製造更多溝通機會。

我一看到部下朝白板走去，確認他寫下的內容後，就會立刻對他說：「你要去A公司嗎？幫我向○先生打聲招呼。」或是「你要去B公司啊，那個案子推不太動呢，再加把勁！」

就算沒有特別需要交待的事情也沒關係，「今天很熱，要加油喔！」或「好像快下雨了，路上小心。」之類的寒暄都可以。

即使老是不回電子郵件的部下，站在白板前被上司這麼一說，再怎麼樣也不可能裝作沒聽見，總會回覆個一、兩句話。

前面我提到預定行程白板也是一項很好的資訊來源，因為從寫在上面的資訊，例如「會議室的號碼」，就能大概推測出會議內容。

「在大會議室開會，應該是討論那個案子吧。議題可能是○○吧。」心裡有個底之後，就可以問部下：「○○資料，準備好了嗎？」

看到部下在白板上寫著「直歸（外出後不再回公司）」時，如果有必須傳達的重要事項，就能趕在他外出之前傳達。

部下外出辦公後返回公司，把白板上的行程擦掉時，也是交談的大好時機。

「回來啦？事情進行得如何？」這句話有促使部下盡早報告的效果。

每個部下的特性不同，有些人在事情進展順利時，一回來就會主動報告，例如，「B公司那件事，進行得很順利！」不過，若狀況不樂觀，部下可能就會悄悄擦掉白板上的行程，默默回到座位上，而且全身散發出一股「現在不要跟我講話」的氛圍。

但是，比起進展順利的狀況，上司更該掌握的是不順利的情況。這就是為什麼一定要抓緊部下剛回公司的時機，與他寒暄或發問，如此一來，才能第一時間掌握狀況。

此外，「定點觀測」白板，還可以掌握部下目前的行動模式。

看到在白板上沒有任何預定行程的

圖 19 在預定行程白板上，有許多向部下搭話的時機

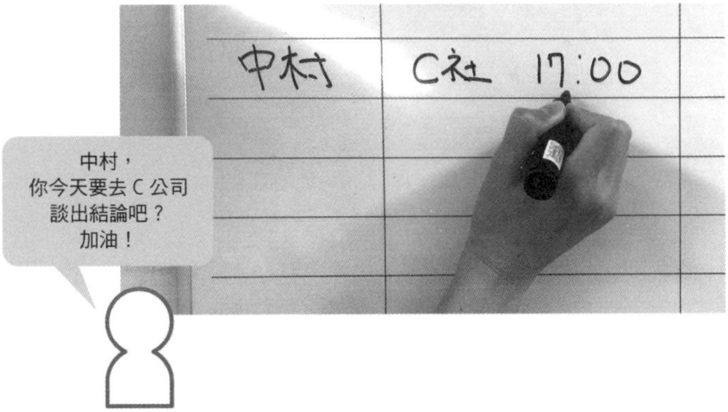
中村 C社 17:00
中村，你今天要去 C 公司談出結論吧？加油！

部下專心面對電腦時，實在難以開口搭話，只要掌握他們站在白板前的時機，就能自然地展開交談，別錯過這個大好機會。

部下，就能推測「他現在應該有空，找他確認上次那個案子的進度吧」，有時則是從白板上的狀況察覺「這陣子他都沒有外出拜訪客戶」，或是「本月部門目標是和大公司簽訂契約，他卻老是拜訪規模較小的B公司」，遇到這種情形時，就有必要找部下談談，釐清狀況。

至於上司的行程，多半由祕書代為寫上白板，而他的行程也是執行主管必須確認的重點。

「幹部會議從兩點開始嗎？那麼，開完會後上司可能會來詢問什麼事呢？得先做好準備才行。」

「上司在會議中可能需要我提供最新數字，今天還是取消外出行程，在辦公室待命吧。」

就像這樣，只要根據白板上的行程事先準備，遇到任何突發狀況都能不慌不忙，從容應對。

乍看之下，白板似乎是上個時代的落伍工具，實際上，站在執行主管的立場重新檢視，你會發現這是一樣很好用的溝通工具。正因執行主管工作繁忙，所以更要隨時留意辦公室內各種可以利用的工具，製造更多與上司及部下溝通的機會。

Column

便利貼是專屬於某人的訊息

前面提到使用便利貼為文件「注入生命力」，但便利貼真的這麼有效嗎？以下介紹一個相關實驗，或許可從中一窺便利貼的效果。

藍迪．加納在美國德州的山姆休士頓州立大學裡，進行了一個實驗。他將學校裡的教授分成三組，每組五十人（合計一百五十人），並分別委託三組人馬填寫一份五頁的問卷。分發與回收問卷時，只限以校內送件的方式。

換句話說，三組人馬唯一的「差異」（實驗變數）只有「便利貼的使用方式」。

第一組拿到的調查問卷上，除了附有一紙說明外，還另外貼上便利貼，而且是以手寫方式寫上留言：「請務必撥冗協助問卷調查。非常感謝！」

第二組拿到的調查問卷上沒有便利貼，但在附上的說明紙右上角，有著相同的留言。

第三組拿到的調查問卷，既沒有便利貼也沒有留言，只附上一紙說明。

實驗結果為：第一組有七六％的教授協助填寫並交回問卷，第二組是四八％，第三組則是三六％。關於「便利貼的功效」，加納歸納如下：

1. 便利貼因為占空間，給人有點雜亂無章的印象，與環境（紙或物品）格格不入，因此，人們的大腦會做出「得先解決掉便利貼」的判斷。
2. 基於以上原因，人們會率先注意到便利貼，很難忽略便利貼的存在。

3. 上面寫有個人留下的訊息（實驗中，第二組和第三組的差異便在此）。
4. 最重要的是，便利貼是「一個人向其他人傳達某種重要訊息」的象徵，給人特地請求或委託的印象，收到便利貼的人會產生「自己是重要存在」的感覺。

這真是耐人尋味的實驗結果。

即使是枯燥乏味的數位資料，列印之後，再加上一張手寫便利貼，就會立刻從「發給每個人的通用資料」搖身一變，升級成為「給你的專屬訊息」。

既然只多一個小小步驟，就能得到差別如此大的效果，沒有道理不去做。請務必在日常溝通的各種場合，盡可能地善用便利貼。

※以上實驗引用 DIAMOND Harvard Business Review 網站文章〈光是加上一張「便利貼」，就會產生戲劇性的説服力〉（二〇一五年八月三十一日）。原文 "The Surprising Persuasiveness of a Sticky Note"，http://www.dhbr.net/articles/-/3450

第4章

策略發想、釋放壓力，協助忙碌主管的絕佳工具

「白板」是最適合策略發想的工具

「光是處理手邊的工作，被待辦事項追著跑，一天就過了。因此，開始察覺必須更策略性地運用時間才行。」

我自己也曾在業務極度繁忙的時期，產生上述的危機意識。坐在自己辦公桌前，身邊的雜事實在太多了；像是頻頻打來的電話、不時來商量事情的上司和部下、不斷接到來自各處的緊急電子郵件等，都讓我沒辦法好好思考工作的事。

當時，我本能地察覺「必須獨處一下」，於是不假思索地在預定行程表上，填入「會議室A」並立刻離席。傍晚時分，我在無人使用的會議室內，為自己製造了一小時半的隔絕打擾狀態，原意是希望專心思考，沒想到順便發現了一個意外收穫。這才發現，原來會議室內的白板能派上這麼大的用場。

前面已重複提過多次，執行主管在工作上最重要的，就是「俯瞰整體」。為此，在第二章也介紹了如何使用傳統行事曆的「年間預定計畫表」，輔助主管們俯瞰整體。不過，想要擬定策略或計畫時，需要更大、更能自由發揮的空間。這時，我在會議室內發現，白板的形狀具備「體積足夠」、「能提供一整面空白處」，以及「充足的橫向空間」等條件，正好符合我的需求。

不管是擬定策略或思考整體計畫，第一步我都會想像自己正「將腦中想到的所有事項全部攤在桌上」。在沒有人打擾的會議室內，一開始我使用自己帶進去的筆記型電腦或筆記本工作，但是，在擬定計畫時，我很快感受到電腦或筆記本的極限：「畫面太小↓無法將腦中所有想到的東西攤在桌上」。

把自己關在會議室裡，雖然能達到專心的目的，做起事來也比較上手，但只有提高效率這個優點，我並不是非常滿意。

這時，我發現了白板的存在。

一整面白板在自己眼前時，感覺就連自己的腦袋都放大了。思考變得更清明，面對白板時，原本暫存腦中的關鍵字、未解決事項，以及「差點忘了那件事！」等思緒不斷湧現。

《工作的教科書Vol.09 終極筆記術》（學研PLUS出版社）中，有一句令我印象深刻的話：

「可以斷言，筆記本的尺寸就代表『思考的尺寸』。」

一整面空白的白板，尺寸比筆記本大多了，又不必受限於侷促的頁面或格線等格式，腦中所有想法彷彿獲得解放，得以不斷泉湧而出。就算寫錯也可以馬上擦掉，抱著輕鬆的心情，解除了思考受到的限制。

此外，在思考長期計畫時，若使用一般筆記本或格式，作為時間軸的橫向空間往往不足，橫長形的筆記本又不多見，在這方面，白板使用起來就很順手。當時，公司裡使用的是可橫向捲動的白板，當空間不夠時，只要捲動白板就會再出現新的空間，真的非常方便。

此外，白板還有另外一項附加價值，那就是「站著使用」的特點。在白板上大動作書寫時，全身都要跟著移動，就像站在講臺上的老師，或獨自在客戶面前提案那般，產生一股受到刺激、腎上腺素不斷分泌的感覺。

最近，以歐美為中心，出現了不少引進「站著辦公」的企業。除了對健康有好處之外，據說也有提高工作效率的優點。

社會心理學家艾美．卡迪（Amy Cuddy），二〇一二年在ＴＥＤ上發表過演說，她的研究就是其中一個例子。根據其研究，當人類採取抬頭挺胸等突顯自己的「權勢姿勢（power poses）」時，就會產生名為睪固酮的類固醇激素，激發人們積極向前的心理狀態與活力。只需站立兩分鐘以上，身體就會出現明顯的變化，這是經過科學證實的理論。

根據我的分析，每當站在白板前工作，或是與講臺上的老師採取一樣的舉動時，身體就會自然做出接近「權勢姿勢」的動作，而我也下意識地採納了這種會對自身產生正面影響的姿勢。

面對白板思考，某種程度歸納出結論後，我便會暫停手邊的工作，站到離白板稍遠的地方，遠遠觀看整面白板。就像從站在講臺上的「老師」，轉換為坐在臺下聽講的「學生」，切換自己所處的立場。這時，由於已經將所有要素都掏出來，寫在橫長形的白板上了，藉由遠望白板的步驟，就能檢查是否有遺漏或不夠周全之處。站在離白板幾步之遙的地方，眺望白板的行為，正具體實現了「俯瞰整體計畫」。

以這種方式完成的整體計畫，如果是電子白板，還可以將內容列印下來，再依此製作企劃書，也可以與團隊成員共享，或是進一步轉化為待辦事項。

不過，我不會將從白板列印下來的這張紙丟掉，而是將它夾入行事曆手冊中，每當自己對計畫內容感到不確定時，就拿出來重新看一次，反覆鑽研。這張紙不只是一份紀錄，更代表在白板上研擬計畫時，我所抱持的心情與記憶。對我來說，就像這份工作的護身符。

就算使用的不是電子白板，為了不浪費腦袋中的寶貴想法，建議大家也可以用智慧型手機拍下來，務必留在手邊，方便隨時查看。

執行主管重要的工作之一，就是擬定策略，整理成計畫。想提高工作的效率，白板會是效果很好的工具。現在，我對白板的評價甚至比當時更高，可以肯定地說，白板絕對是執行主管不可或缺的工具。

Column

根據「價值鏈」建立白板上的架構

執行主管必備的能力，包括掌握計畫整體，同時毫不遺漏地管理正在多工進行中的複雜業務。因此，一定要懂得適度運用各種思考架構。

坊間可以找到各式各樣的架構格式，在此我要介紹的是，在白板上思考與擬定策略時所使用的獨創架構——「價值鏈（Value chain）時間軸」。

首先，我用價值鏈中的主要活動原則，來區分業務流程，並以此為縱軸，再搭配橫軸的時間軸，將每個流程的階段任務填入架構中。如此一來，就可以達到兩個目的：

①俯瞰整體流程。

②擬定面面俱到的計畫。

事實上，因為站在俯瞰的角度擬定計畫，這套能夠掌握所有流程的架構，就達到了非常好的效果。一邊俯瞰整體，一邊確定何時啟動部門進行業務，不但能鍛鍊執行主管看待事物的觀點，也可以學習如何掌握超越部門的整體狀況。

因此，請各位務必多加善用公司的價值鏈，根據其主要活動，建立擬定計畫時使用的架構。

圖20 以「價值鏈 X 時間軸」的架構擬定計畫

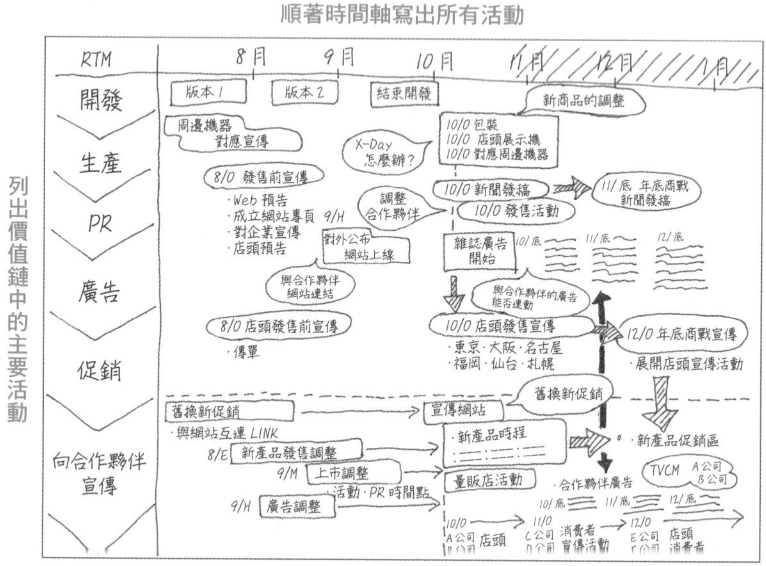

把縱軸價值鏈的主要活動想成「部門」，
橫軸則當成「時間」，就能掌握整體狀況與時程，
判斷什麼時機該做什麼。

為什麼執行主管需要寫「腳本」？

目前我已不隸屬任何組織，主要的工作是企業研習講師及演講。工作時，我一定會將簡報檔案列印出來，並以手寫方式在每一頁寫上最重要、絕對不可遺漏的關鍵字或重點。我稱之為「腳本」。

話雖如此，正式上臺時，可不是拿著「腳本」照本宣科就好。我只是將「腳本」當作備忘錄放在手邊，不時瞄一眼，以免自己有所闕漏，如此而已。

那麼，為什麼要特地準備一份當天不會派上用場的「腳本」呢？事實上，這個例行公事，應用的正是我在執行主管時代使用的傳統類比工作術。

前著《執行主管的教科書》中也曾提到，我是一個「斑馬型」的經理人。和「獅子型」的主管不同，我擅長的並非站在前方率領部下，而是和部下站在一起，觀察他們的工作狀況，時而協助、時而支援，引出部下的實力，提高整個團隊的工作成績。由於我是這類型的主管，換句話說，不屬於「支配型主管」，而是「服務型主管」。

對斑馬型的我來說，最不擅長的就是在氣氛緊張的場合說話，該「叱喝」部下時，也總是難以啟齒。這一類的溝通表達，是我必須克服的難題。

和部下之間的溝通，並非做出工作指示或一起開會討論就好。有時也必須發出指摘或斥責，對我而言是高難度的溝通。每當這種時候，我就會預先準備「腳本」。

準備「腳本」的原因有以下三點：

1. 避免懦弱的自己遺漏該傳達的事項。
2. 透過準備「腳本」的過程「彩排」（包括精神層面的心理準備）。
3. 讓自己擁有「我做好準備了」的安心感。

舉例來說，面臨必須在會議上「嚴厲指責沒有達到業績門檻的部下，讓對方知道有可能因此降職」的情形時，個性軟弱的上司往往會緊張到胃痛。

我很清楚「無論如何都不可能在毫無準備的情形下，好好表達清楚」，這就是我製作「腳本」的開端。

說到底，「製作腳本」乃是來自「該怎麼表達才能順利讓對方動起來」的想法。

在上述案例中，我思考的是如何讓部下在「受到上司斥責」的情境中，能夠不流於情感，保持冷靜地接受現況，進而轉化為行動。如果彼此都是業務出身，就有著「業績數字」這個共通語言。因此，當部下也是一位經驗豐富的業務時，只要將「業績數字沒有達到門檻」的事實說明清楚，想必他也不會感情用事。得出結論之後，我便依循這個方向製作「腳本」。

「根據年度開始時達成的共識，本年度的目標數字應該是××，○○你應該還記得才是。不過，前三季預算卻連續下修了。」

我會先在「腳本」裡寫好這樣的「臺詞」。

- 不要輸給自己的懦弱。
- 不要忘了說最重要的話。
- 不要做出讓對方誤會的表現。

這就是我製作「腳本」的目的。

只要表達的是客觀事實，就可以不帶罪惡感地傳達給對方。比起「追究是誰的問題」，更應該一起面對「沒有達到業績門檻」的事實，彼此溝通起來，就不容易流於情感了。

此外，關於「腳本」的製作方式，我的建議是，遇到愈棘手的會議或溝通時，最好可以預先在筆記本上，把該說的話一字一句寫下來，就像一本真正的「腳本」。

或許有人會認為過於誇張，事實上，寫「腳本」的過程相當於對會議或溝通進行「彩排」。**一字一句寫下臺詞，會使人產生臨場感。換句話說，也是模擬溝通時可能出現的情境。**

比方說，部下有被「降職」的可能，這就是一件難以啟齒但又非說不可的事。

「現在的狀況繼續下去，到了明年度你可能會被公司列入降職的對象。」

說出這句話後，對方會出現什麼樣的反應呢？惱羞成怒還是垂頭喪氣，也有可能乾脆豁出去、不當一回事……。一邊想像對方可能出現的反應，一邊思考因應對策，提高「腳本」一針見血的準確度。這不就是在模擬情境嗎？

想像對方可能採取的反應後，接著思考自己下一步該怎麼做。

「我不是責怪你，不過，業績門檻沒有達成非常不妙。我們一起來思考該怎麼解決這個問題吧。」

「不過，這個狀況也不是一天、兩天的事了吧？業務該怎麼進行，我一直全權交給你決定，也認為如果遇到問題，你應該會來找我商量，可是……」

在本節開頭，我提到自己擔任企業研習講師與演講時，會預先寫好「腳本」。有時，我甚至連「大家早安」、「那麼接下來換一個議題」這種程度的臺詞都會寫下來。之所以寫得如此具體，是為了創造臨場感，好在腦中預先彩排。

把難以啟齒的臺詞預先寫下來，還有另外一個好處，那就是「正式溝通時，只要把這句話說出來就行了」。一邊說出這句臺詞，一邊告訴自己「我只是在扮演執行主管的角色」，這麼一想，往往就能順利避免「真實的自己」跑出來而導致溝通失敗。

我的優點是不會感情用事，反過來說，我的缺點就是不懂如何加重語氣，該慷慨激昂時，仍然語氣平淡。所以，事先為自己準備一份「叱喝臺詞」的腳本，告訴自己「接下來只要完成唸出來的任務就好」。

「腳本」是管理情感的工具，讓身為執行主管的我，能夠正確傳達當下該表達的情感。

為了達成執行主管的職責，大家都該找到克服自身弱點的技巧，幫助自己完成原本不擅長的事。

讓資訊易懂的「塊狀化」筆記術

大家都如何寫筆記呢？使用橫條筆記本的人應該很多吧！沿著筆記本裡的橫線，以寫文章的方式書寫，應該是最常見的方式。

基本上，我也會沿著橫線來寫筆記。不過，在一場會議中，隨著議事的進行，經常會發展出好幾個議題。這時，我的方式就開始改變了。我會將同一個議題的筆記內容，用圓圈或方形框起來。簡單來說，不妨想像成將不同的議題，寫在不同的標籤或便利貼上，然後再一一貼上筆記本。

之所以這麼做，是因為會議中的筆記，內容幾乎都是關鍵字、數字與行動項目等分散或條列式的東西，很難沿著橫線、像文章一般書寫。

採用有如貼標籤或便利貼的方式寫筆記，就能按照議題整理區塊，在筆記本上，每項議題都能一目瞭然。

此外，以貼標籤或便利貼的方式寫筆記，還有另一個好處：**筆記本上的資訊情報呈現「塊狀」，有方便視覺記憶的效果**。最重要的是，事後重新查看筆記時也很容易找到資訊情報，清楚易懂。

我並非刻意要求自己採用這種方式，只是回顧過去的筆記時，忽然察覺從我當上執行主管之後，用這種方式記錄的筆記開始增加。我想這是因為執行主管的同步多工性質，必須同時處理不同部下的議題，以及自己手頭執行的各種事項，所以自然而然發展出這種形式的筆記。

前面介紹過，用電腦記錄的人，傾向以「速記」的方式，一字一句打下講者的發言內容，相較之下，先行消化、理解講者的發言內容，再重點式地寫下筆記，效果會

圖 21　像貼標籤一樣來寫筆記

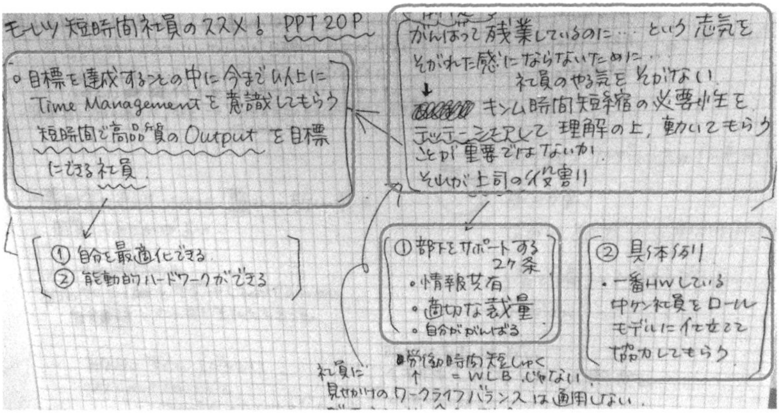

如圖所示，把 A4 大小的筆記本打橫使用。
藍框中的每個區塊，分別是不同議題的統整要點。

更好。根據我的經驗來看，也非常認同這個結論。

此外，《工作的教科書Vol.09 終極筆記術》中提及，使用方格筆記本搭配手寫方式，目的是要刻意將資訊情報「塊狀化」，就會更容易在大腦中留下印象。書中引用了腦科學家篠原菊紀先生，關於大腦「短期記憶」功能的說明，與標籤或便利貼式筆記法，有異曲同工之妙。

將筆記內容「標籤化」或「便利貼化」，即使只是匆匆一瞥，整體議題和資訊情報，便會以適度的塊狀方式映入視野。對必須同時處理複數業務及管理工作的執行主管來說，只要多花這個小工夫，工作效率將會產生很大的差異。

執行主管也應該管理「自我情緒」

辭去工作、自行創業之後，我檢視自己在上班族時代，下意識採取的種種行動，試圖從心理與精神的觀點探索，甚至找了心理訓練師學習這方面的知識。

那位老師曾說：「在日記裡寫下當天發生的好事，可使我們懷著『今天是個好日子』的心情結束這一天，對心理健康很有幫助。」當他負責為陷入瓶頸的頂尖選手，調適心理的負面狀態時，正是使用這個訣竅，順利幫助選手擺脫消極的低潮期。

「不管多小的事情，一般人至少能在一天中，找出四、五件『好事』。如果連這個數量都找不出來，證明這個人的精神，正處於比一般人更消極負面的狀態。」我還記得，當時聽完這個說明後，立刻想起上班族時代的自己，不由得恍然大悟。

關於書寫的功效，順天堂大學醫學部教授，也是日本體育協會公認的運動員醫師小林弘幸先生，曾在著作《為什麼寫「三行日記」對健康有益？》中說明，「寫日記能促進副交感神經的作用，有效協調自律神經。」為什麼只需要寫三行就有用呢？根據小林醫師的說法，這是因為「回顧」本身，就是一項有效的行為。

尤其是執行主管們，每天處於混合型的壓力之下，只要在職場上工作過的人，應該不難想像交感神經會如何高昂。事實上，除了負荷量大的業務與人際關係帶來的壓力，智慧型手機與電腦發出的藍光也會刺激交感神經，姑且不論好壞，造成精神緊繃、情緒高昂是不可避免的結果。

如果無法每天重新歸零，疲倦和壓力將不斷累積。一般人皆是如此，更別說是必須指揮團隊做出成績的執行主管。

然而，只要是工作必定伴隨壓力，這是理所當然的事。**重要的不是杜絕壓力產生，而是如何調適精神層面與心理狀態**。換句話說，即使有壓力，只要去「面對並處理」就可以了。不需要否定壓力，更無須認為感受到壓力的自己太軟弱。

正因如此，平時處於高壓之下的執行主管，如果想保持良好的工作表現，持續拿出好成績，就必須積極「處理自己的情緒」。調適心理狀態的「情緒管理」，也是執行主管很重要的工作之一。

以下將介紹的情緒管理技巧，都是我在執行主管時代思考出來，並實際使用過的方法。

請將這些傳統類比型的方式，運用在「重整心情的例行公事」與「重新檢視自己的工具」上，讓自己盡可能保持安心穩定的狀態。請記得，執行主管的管理對象不只有部下，也包括自己的情緒。

「行事曆手冊」是最強的情緒管理工具

我在前面提到的課程中還學到一件事，那就是「人之所以產生壓力，原因之一在於『無法結束』、『看不到盡頭』、『事情做不完』的感覺」。

「因為時間不夠，原本預計今天要完成的事情沒做完。」

「再這樣下去，截止日前會不會無法達成目標？」

「這種忙碌的狀態到底要持續到什麼時候？」

然而，無論進行的當下多麼辛苦和困難，一旦結束之後，就能無事一身輕，幾乎不會再產生更多壓力。

尤其是執行主管，不但必須帶領團隊做出成績，自己也有不得不執行的任務。如果只是自己的工作，就端看個人如何努力，然而，執行主管還得管理部下、帶領他們做出成績，壓力自然倍增。

使用行事曆手冊，便可以達到管理上述壓力的效果。

在第二章中，我建議執行主管善用傳統行事曆的原因，就在於這項工具能幫助我們「俯瞰整體」及「同步多工」，這些優點在本書中已多次提及。除此之外，行事曆手冊其實還具有管理情緒的功用。

俯瞰行事曆，也就是綜觀整體，並掌握終點。**從終點往回推算，分別以一個月、一星期及一天為單位，分割出每個單位內該完成的工作進度，這叫做「業務分解」**，是每個人都懂得使用的工作管理手法。

「透過掌握整體，釐清當下必須做的工作」，只要能處於這種狀態，就可有效減輕壓力，專注於眼前的工作。在情緒及心理管理等專家的著作中，經常將此稱為「行動目標」或「執行目標」。

「將年間計畫拆解為每月進度，本週是當月的其中一週，所以做到這裡就OK了。」

「今天雖然還有工作沒做完，只要明天完成就趕得及。」

「就算明天做不完，只要在這星期內完成就沒問題了。」

以一天為單位時，往往因為看不到工作盡頭而感到恐懼，此時若能俯瞰整體，就不會產生「看不到盡頭」的不安，以及「不知何時結束」的倦怠感。就算今天內做不完，只要決定好「預計何時完成」，就代表你已經能掌控自己的行事曆。這種思考模式，與第二章介紹的「只要能在一星期內，做完當週份量即可」，是一樣的思維。

這個訣竅不只能運用在自己身上，還能擴大到整個團隊，對減輕團隊壓力也有幫助。

個人的工作壓力已經很大了，執行主管身邊還有許多容易被忽略的工作正在進行。前面提過「看不到等於壓力來源」，正因如此，我才會建議各位在行事曆手冊中，以跨頁方式寫下自己與部下每週的待辦清單。這麼做，也是為了方便管理壓力。

「負責A公司的○○，現在爭取合約好像有一分吃力，不過其他成員目前進展順利，自己手頭的工作也大致掌握狀況了，看來可以多分一點時間來支援○○。」

綜觀自己與部門在一星期內的整體狀況，執行主管內心自然從容不迫。**透過行事曆手冊管理情緒，讓自己產生「我能掌控工作」的感覺，就能保持內心的平靜，不受壓力影響。**

做上司的如果無法游刃有餘，不但會陷入不安，連帶也會造成部下的焦慮。希望各位都能掌控自己的行事曆，做個經常保留餘裕、從容行事的執行主管，如此一來，部下也會認為你值得信賴。

待辦清單的小小儀式，幫助安定情緒

本節想介紹傳統行事曆在情緒管理上的另一項功效，以及運用待辦清單管理情緒的訣竅。

我的做法是，在左頁的每日待辦事項中，進行屬於自己的「小小儀式」：完成任何一項今日待辦事項時，就用粉紅色螢光筆劃掉這個待辦事項。這個儀式可以為我帶來「迷你成就感」，雖然微不足道，卻是我每天的例行公事。

在結束一天的工作之前，如果所有待辦事項都被劃掉了，我就能獲得莫大的成就感，在內心吶喊：「太棒了，今天所有該做的工作都解決了，可以盡情喝啤酒了！」像這樣，懷著毫無遺憾的清爽心情下班，並切換為私人模式。

這個小小儀式的訣竅就是，待辦清單上不只寫著重大任務，就連「記得寄信」等小事，也鉅細靡遺地寫上。如此一來，用螢光筆劃掉的機會就會變多，品嚐到的「迷你成就感」也愈多。

當然，為了預留處理突發狀況的時間，還是必須遵守「不要用待辦事項填滿行事曆」的大前提。

偶爾也會遇到工作做不完，無法在行事曆劃上滿滿螢光筆跡的時刻。這時，別只是眼睜睜地跳過，一定要規定自己「何時」把那些工作做完。

前一節曾說明過，產生壓力的原因之一，在於「事情做不完」的感覺。注意到這一點後，只要決定自己將在「何時做完」，就能有效減輕壓力。只需要花幾分鐘做決定，對於紓解滿檔的壓力就有不小的助益。

另一個運用待辦清單管理情緒的技巧是：**下班離開辦公室前，先寫好隔天的待辦清單**。這也是我在執行主管時代，下意識採取的行動，後來就成了例行公事，也是我在情緒管理上的儀式之一。

結束一天工作時，先檢查今天的待辦清單完成度，如果還有尚未解決的事項，就決定好何時可完成。接著，將隔天的待辦清單全部寫下來。

或許不少人已經這麼做了，我想強調的只是，這麼做的重點在於「站在情緒管理的角度做這件例行公事」。

只要確定隔天該做什麼事，明天到公司後便開始動手即可，不會受困於「看不到盡頭」或「被工作追著跑」的感覺，下班離開公司時，也可以放心地從工作模式切換

圖 22 已完成的「預定事項」，就用螢光筆劃掉吧！

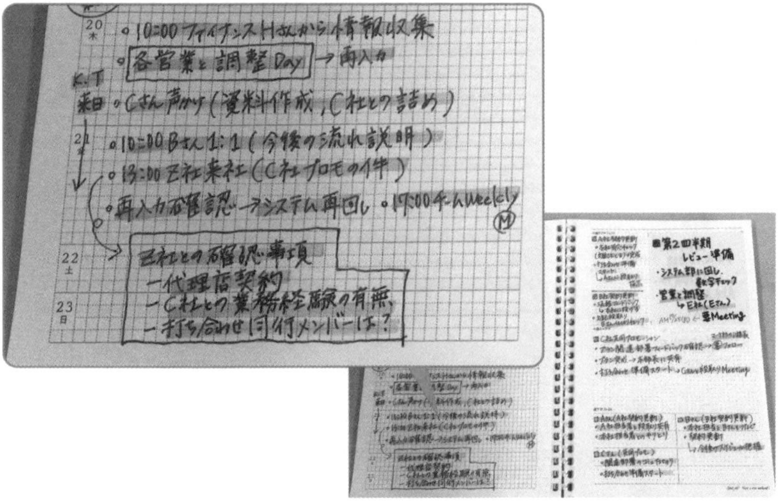

因為是使用螢光筆，底下的字跡仍清晰可辨，方便回頭查看。
滿是螢光筆線條的行事曆，可親眼看到自己一星期的努力成果。

到私人模式。

為了讓心情徹底轉換，平時我養成習慣，在下班時把行事曆手冊和筆記型電腦放在公司。只要不把實體行事曆帶回家，工作壓力及放心不下的公事，就不會一起帶回去。當時並非刻意這麼做，或許只是內心希望公私區隔吧。

隔天一到公司，打開行事曆手冊的瞬間，立刻能明確掌握今天該做什麼事，內心的引擎也能順利發動。

我之所以採取這樣的行動，起因是發現**主管必須先做好情緒管理，調整好精神狀態，才能進一步做好部門管理。**

身為執行主管，我知道身心必然會承受極大壓力。然而，一旦因忙碌而失去對心靈的掌控，毫不掩飾自己不穩定的精神狀態，會連帶使得部下陷入不安，讓團隊失去向心力。話雖如此，也不能欺騙自己沒有壓力或刻意不去感受壓力，若是一味封閉心靈的感受，反而有可能導致精神狀態惡化。

正因如此，我才會冷靜地掌握自身狀態，採取整頓心理層面的行動。若想加強團隊的向心力，請務必接受這個觀點，做好個人的情緒管理。

「釋放情感」的憤怒控制療法

在工作中感受或累積壓力是天經地義的事。重要的是，接受自己感覺到的壓力，不要封印壓力，而是接受、面對並處理它。

尤其當上執行主管之後，責任變得更重大，必然會遇到更多不合理的事，壓力也比過去增加許多。然而，只有單純的執行者才能毫不掩飾壓力所造成的焦慮，優秀的執行主管是不會任由自己感情用事，否則將造成部下的恐慌。

因此，我一再強調情緒管理是執行主管非常重要的工作，在此將介紹因應之道——「憤怒控制療法」的具體作法。

關於心情混亂或情緒激動時的因應之道，心理學上有個稱為「釋放情感（Clearing）」的方法。亦即，當我們累積太多憤怒與焦慮，眼看就要爆發的狀態，便「釋放情感」。

抓住內心湧現的情緒，將自己認為的憤怒原因，隨便在一張紙上全部寫下來。因為只有自己看得見，不管是語無倫次或不成文句都沒關係。如同把情緒從心中「宣洩出來」一般，不斷書寫當下感受到的情緒。

若是一邊仔細思考、一邊書寫，腦中就會出現理智，或是去評論自己寫下的內容，這些都會妨礙情感的釋放。**正確的做法是什麼都不想，飛快地振筆直書，有意識地進行「情感的釋放」**。

如此一來，你會發現憤怒的情緒慢慢鎮定下來，同時也能客觀地理解自己生氣的原因。

比方說，你可能會發現自己生氣的原因並非「部下不聽我說的話」，而是「平常他就不把我看在眼裡，總是採取迴避閃躲的態度」，因此察覺原來自己一直很介意這件事。

透過寫下心情來整理情緒，找回客觀心態，有助於執行主管對眼前的問題採取正確對策。

如果身邊有同為執行主管又值得信賴的夥伴，不妨一起去喝兩杯，有時聽對方發牢騷，有時反過來向對方傾吐，這種彼此都能釋放情感的溝通方式也很有效。

不過，使用這個方法時，必須遵守幾個原則：

1. 事先規定好時間（不能無止盡地發洩）。
2. 聽對方說話時，絕對不能否定對方。

請謹守以上兩點，貫徹傾聽與傾訴的角色。

以前我有一位同事，不管客戶如何刁難或遇上多不合理的事，他都能冷靜應對，可說是個超級優秀的業務主管。

因為他實在太冷靜了，有時甚至令人懷疑「這個人是不是根本沒有感情」。不過，當我們一起去喝酒時，才發現其實他也是個普通人，心裡也有熊熊怒火燃燒著。還記得看到他「盡情抱怨」的樣子時，我真是鬆了一口氣。

鬆一口氣的同時，我還察覺到「原來他也是會生氣的，大家的工作都很不輕鬆啊！」深深感受到，身旁有個能理解自己情感的夥伴是多麼值得感恩的事。

當上主管後，煩惱也會加深。請給自己一段時間，好好喝幾杯，盡情發洩情感，帶著爽快的心情回家。如此一來，隔天早上就能轉換心情，重新振作。這不只有助於壓力管理，還能強化主管職之間的團結力。

至於透過寫在紙上的文字整理好情緒後，接下來該做的，就是思考「該如何把情緒壓力視為工作來處理」。

發洩情緒的那張紙，最好嚴密收藏在只有自己看得到的地方，或者立刻送入碎紙機。尤其當上面寫有人名時，建議還是撕碎比較好。而且，把紙張送入碎紙機時，就像是一個告別負面情緒的儀式。

除非奇蹟出現，否則執行主管幾乎都會遇到人際關係上的壓力。換句話說，只要好好控制這方面的壓力，對於執行主管「推動部卜做出好成果」的職責，一定也能帶來正面影響。

請記住，「憤怒控制」也是執行主管的重要工作之一，請將它視為日常例行公事吧。

能運用在工作和生活中的「目標達成術」

脫離上班族生活後，我開始挑戰三項全能運動——「鐵人三項」。由於我求學時代便加入體育社團，因此無法用休閒的心情面對運動，進行鐵人三項時，如果不為自己制定目標，就提不起幹勁。一旦制定了目標，不達成目標又誓不罷休。因此，為了同時兼顧工作與運動，需要在練習上花一點心思。

這時，過往我在工作上養成的類比型自我管理術，就大大派上了用場。

各位讀者之中，一定曾有因為個人目標而認真朝目標邁進的經驗，例如，為了考取執照，因此努力讀書，或是為了在馬拉松賽跑中完賽而練跑等。所以，我想在這裡介紹的，正是運用前述類比型技巧，打造而成的「目標達成術」。

首先，我自己在鐵人三項訓練時，運用的是下面三項工具。分別使用這三項工具，做好自我管理，朝目標邁進。

1. 自比賽前兩個月起的訓練課表：採用能掌握整體的格式，並預先列印出來。
2. 訓練筆記：以手寫方式詳細記錄實際訓練情形。
3. Outlook預定行程表：確保訓練時間。

其中，訓練課表是我和團隊教練討論後決定的。這份訓練課表，為我的精神層面，帶來很大的支持。

所以，我會將這張課表貼在最醒目的地方和冰箱上，以便隨時看見。

- 與值得信賴的教練討論過的訓練課表，帶來絕對的安心感。
- 因為看得到課表整體，「接下來只要消化〇〇就行了」的目標，以及達到目標後的成就感，皆能提高投入訓練的動力。
- 表上可清楚看出現在（今天）該做什麼訓練，只要專注於眼前的訓練即可。

此外，「訓練筆記」也是支撐動力的重要支柱。

■以手寫方式記錄「實際完成的訓練內容」，等於「獲得成就感的瞬間」。
■「想記錄下來」等同於「想獲得成就感」，就會提起動力進行下次的練習。

根據這份紀錄，可以得知「這次跑得比上次快」、「與半年前相較，現在的練習強度已提高（當然也有退步的時候）」等，一眼就能看出與過去的差異，也因此更有成就感。

就像這樣，當我記錄訓練中的種種狀況時，忽然察覺自己正不假思索地運用了執行主管時代的傳統類比筆記術。工作與興趣或許無法相提並論，不過，除了運動之外，在面對任何超越自我極限的挑戰時，這套自我管理術確實很有效。

當然，時間管理也很重要。

在前面的章節中，我介紹過如何用Outlook預定行程表，來「全面」掌握工作進度。同樣地，也可以套用在運動訓練上。訓練課表是既定事項，無法進行「利用零碎時間」的時間管理法。

不過，若因此影響工作，就是本末倒置了。為了兩者兼得，必須確保一段「足夠的時間」，並在這段時間內設定訓練課表。此時我再次察覺，這和執行主管要確保自

圖23 即使是興趣，也可以使用類比和數位工具同時管理

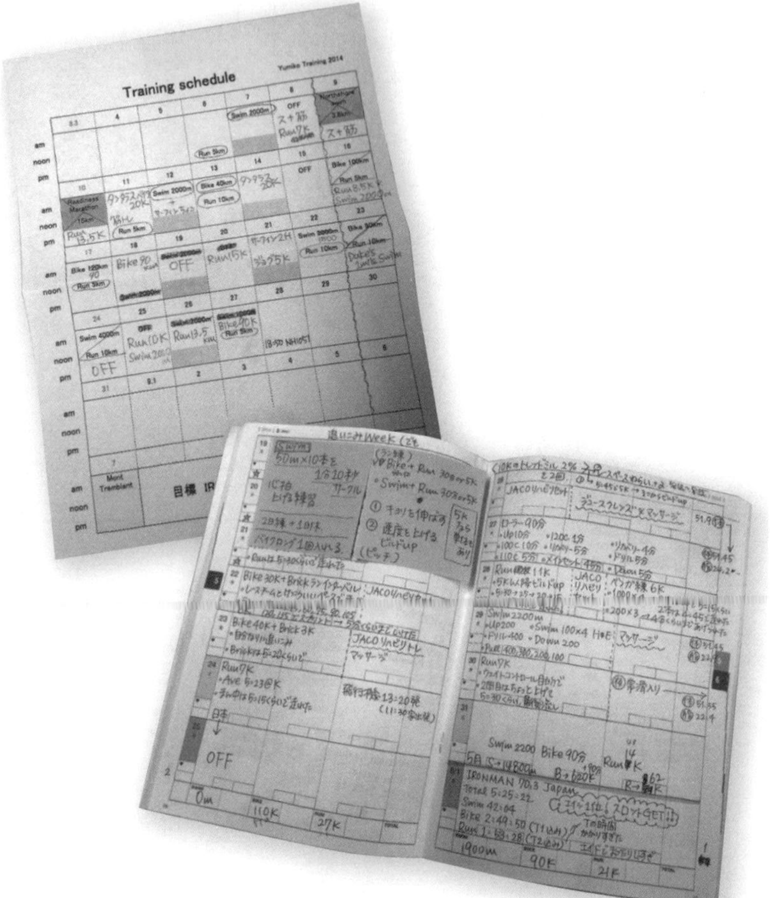

事先列印出訓練課表，再加上手寫內容，
每天的訓練內容，都記錄在行事曆手冊中。
反覆熟讀後，據此調整下次的訓練內容。

己的時間，以及為部下預留時間時使用的手法是一樣的。

我從事鐵人三項運動已經六年了，手邊也累積了好幾年的訓練筆記，加上每年參加比賽留下的紀錄，這些對我來說都是重要的資訊來源。

回顧過去的訓練筆記，目的並不只是為了查看當時的訓練方法或自己的表現。當我們回頭看時，內心自然會浮現「啊，當時真是雄心勃勃呢！」等心境。雖然是我個人的感受，不過，我認為手寫紀錄會令人更想回頭查閱。

將在工作第一線淬鍊出的方法論及自我管理術挪到生活中，或許也是「再一次活用」了長年累積的經驗。

這些經驗的累積，終將成為每個人光輝燦爛的履歷。

結語

優化你的管理技巧與心態

面對部門會議使用的銷售數字報表，忍不住想為那冷冰的數字注入一點生命力，於是不假思索地抓起原子筆，在上面補充資訊；遲遲無法確認部下進度或花上大把時間依然溝通不良時，忍不住問清楚部下這星期的工作內容，將他的待辦事項寫在行事曆上。過往的這些時刻，每個當下的「感覺」，至今依然清晰。

身為執行主管，為了能夠早日獨當一面而心生焦躁時，無論看書或參加研習，學習了多少管理邏輯或心態，效果都比不上為了善盡職責而本能採取的這些行動。到最後，管理技術與技巧都是如此磨練出來的，到了今天，我更能深刻感受到這一點。

優化這些行動的關鍵，就在於本書的主題——「傳統類比型工具」。

不過，我想在此重申最後一次，本書絕對不只是單純的「工具書」。請將本書視為「新領域的管理技巧書」，雖然書中透過「傳統類比型工具」這個切入點講解，最終提倡的，還是身為執行主管必備的工作觀點，以及推動周遭投入工作的訣竅。

換句話說，只能說工具是管理觀點的主軸，但不能單純依靠它的力量。有時光靠現有的工具或格式，還是不足以達到管理的目的。

過去，我自己就是這樣。本書中介紹的「使用一張A4紙的五週行事曆，管理多項業務」，就是在必須同時進行複數計畫的狀況中，為了毫無遺漏地掌握「整體狀況」，並俯瞰「目前進度」而想出的獨創表格，可說是因應需求而誕生的工具。另一方面，想出這份表格時，也代表我的管理技巧更上一層樓了。

因此，希望各位讀者在理解本書概念之後，不光是使用書中介紹的方法或工具，有朝一日也能因應需求，產生自己獨創的工具，讓管理技巧與心態都能提升。

話說回來，現在我最想要的，就是一份時程長達兩年的行事曆格式。以目前的狀況來看，已有不少工作排在半年之後，站在創業的自由業者觀點，深深覺得一份具有更長時程的行事曆是必要的。可惜的是，市面上販售的行事曆手冊最多只有一年半，我已經打算創造一份不受既有格式侷限的獨創格式了（笑）。

最後，自前作開始，一直承蒙鑽石出版社和田史子總編輯諸多照顧，對於本書更是投入超乎編輯的熱情，藉由出版本書的機會，在此向您致上由衷謝意。

附錄

成為優秀執行主管的實用範本

格式 1

執行主管工作的指揮塔
跨頁週間行事曆手冊

先在右頁寫上本週應該完成的工作，
其中包括部下預定進行的工作，
再根據右頁篩選「本日工作」，並填寫在左頁。

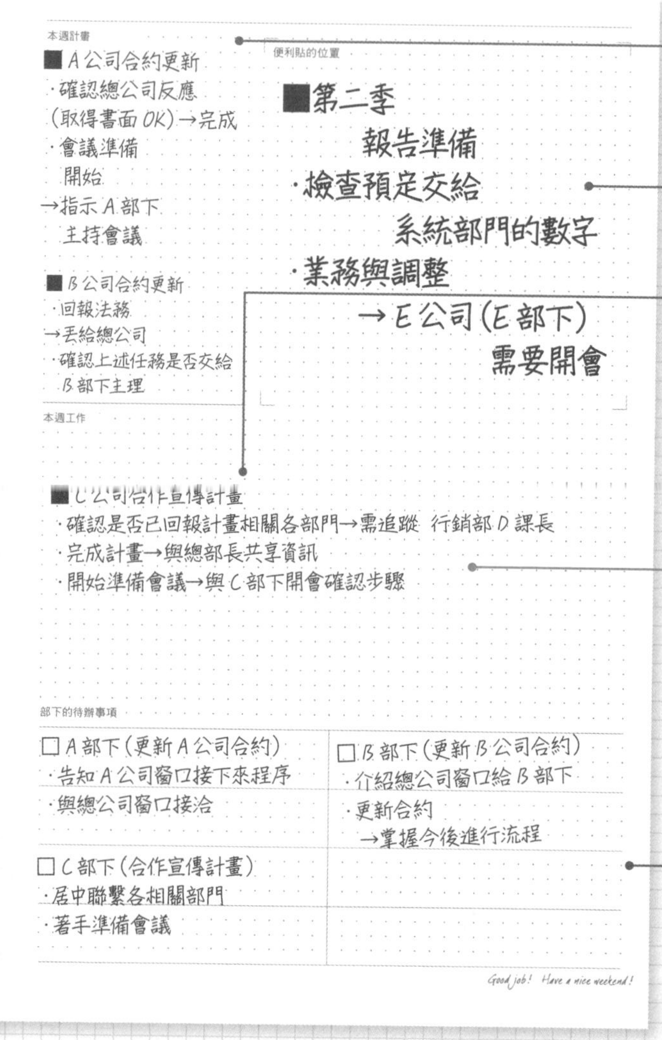

本週計畫
■A公司合約更新
·確認總公司反應
(取得書面OK)→完成
·會議準備
開始
→指示A部下
主持會議
■B公司合約更新
·回報法務
→丟給總公司
·確認上述任務是否交給
B部下主理
便利貼的位置
■第二季
報告準備
·檢查預定交給
系統部門的數字
·業務與調整
→E公司(E部下)
需要開會
本週工作
■C公司合作宣傳計畫
·確認是否已回報計畫相關各部門→需追蹤 行銷部D課長
·完成計畫→與總部長共享資訊
·開始準備會議→與C部下開會確認步驟
部下的待辦事項
□A部下(更新A公司合約)
·告知A公司窗口接下來程序
·與總公司窗口接洽
□B部下(更新B公司合約)
·介紹總公司窗口給B部下
·更新合約
→掌握今後進行流程
□C部下(合作宣傳計畫)
·居中聯繫各相關部門
·著手準備會議
Good job! Have a nice weekend!

寫下正在進行的計畫

橫跨數週的工作或當季目標數字等，可寫在便利貼上隨時更新。

寫下本週內必須完成的工作。朝「盡可能交給部下」的方向安排。

POINT

從各個不同的計畫中，篩選出這週需要完成的工作事項。
再根據這一頁的內容，篩選每天的待辦事項，填入左頁。

事先列出「部下該做的事」與「必須向部下確認的事」。
每位部下要分開標記，查閱起來也很方便。

詳情請參考第59頁。

以下是本書中多次登場的格式，也可以使用一般筆記本自行規劃欄位。重點是透過此格式，讓當週必須完成的工作一目瞭然。再搭配便利貼等工具，將整週的工作集中在此處。

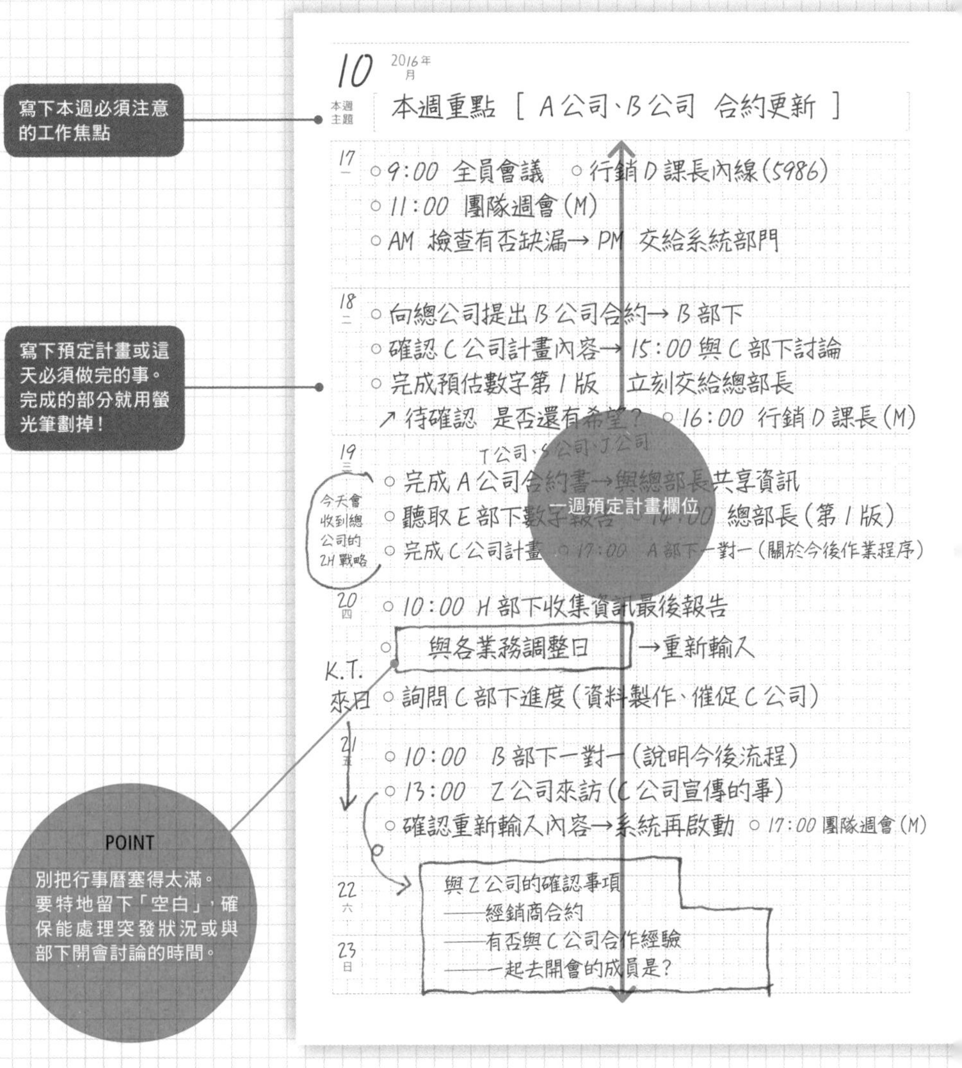

空白表格請參考第190頁！

格式 2

以視覺呈現整年的「工作體感」年間活動筆記

執行主管最容易受到突發狀況影響，
然而，其實有許多突發狀況是可以預測到的。
與公司整體相關的事，或者與人事及招募、預算或截止日相關的事等，
固定會發生的項目都可事先寫在行事曆。也可以先排好預計的休假日。

不妨參考前一年的日曆和行事曆

每一季（三個月）分別按月填入

填入當月發生的事項

順便標註忙碌程度

年間行事曆

第一季	4月 □健康檢查 □新人研習 忙しさ度［高・(中)・低］	5月 □股東大會 忙しさ度［高・(中)・低］	6月 □招募新血 □第一季財報 忙しさ度［高・(中)・低］
第二季	7月 □研修 忙しさ度［高・中・(低)］	8月 □暑假 （短假） 忙しさ度［高・中・(低)］	9月 □分店長會議 □第二季財報 忙しさ度［(高)・中・低］
第三季	10月 □人事異動 □參展 忙しさ度［高・(中)・低］	11月 □公司大會 忙しさ度［高・(中)・低］	12月 □參展 □第三季財報 忙しさ度［(高)・中・低］
第四季	1月 □擬定 下年度預算 忙しさ度［高・(中)・低］	2月 □管理人會議 □商討異動 狀況 忙しさ度［高・中・(低)］	3月 □總結算 □第四季財報 忙しさ度［(高)・中・低］

POINT

除了自己部門的事項，公司整體且可能對自身造成影響的事，或人事、總務委託的事項（招聘、健檢等）也一併填入。到這個階段，大致可預測自己能排休的日期了。

詳情請參考第75頁。

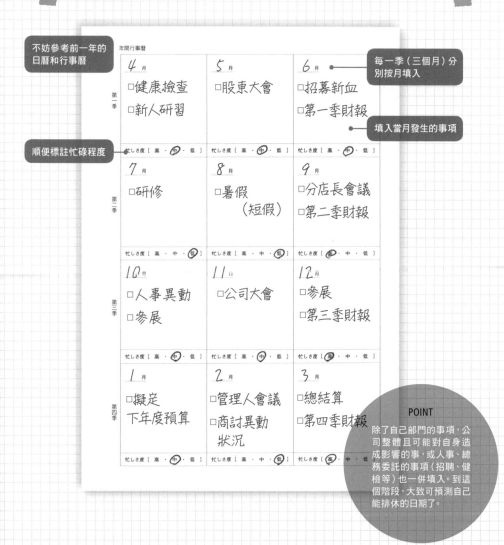

年度事項

第一季	月	月	月
	忙碌程度〔 高・中・低 〕	忙碌程度〔 高・中・低 〕	忙碌程度〔 高・中・低 〕
第二季	月	月	月
	忙碌程度〔 高・中・低 〕	忙碌程度〔 高・中・低 〕	忙碌程度〔 高・中・低 〕
第三季	月	月	月
	忙碌程度〔 高・中・低 〕	忙碌程度〔 高・中・低 〕	忙碌程度〔 高・中・低 〕
第四季	月	月	月
	忙碌程度〔 高・中・低 〕	忙碌程度〔 高・中・低 〕	忙碌程度〔 高・中・低 〕

※以140%大小列印，即為A4尺寸。

格式 3

多工進度管理
五週的行事曆表格

「九月底的銷售數字報表，必須在十月第一週提出」，諸如此類，
執行主管往往必須將「一個月又一星期」之後的事納入視野。
因此，可一次查詢五週內容的行事曆，使用起來最方便。
請試著使用看看，相信必定能體會其中好處。

寫下日期

寫下這份行事曆的起迄日

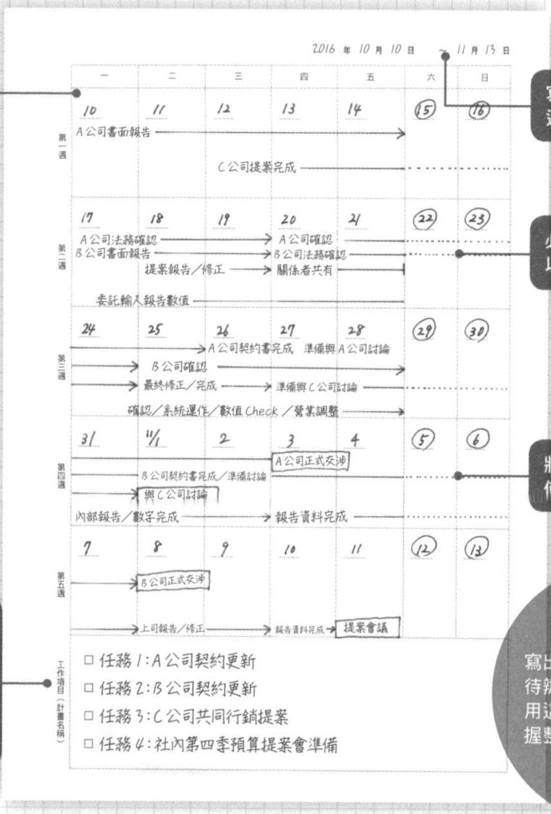

必須跨週處理的案子，以虛線標記。

將截止日「框起來」，使其更醒目。

這裡寫下工作內容。比如計畫名稱或客戶名等，以最容易看懂的形式標明。必要時也可記錄金額。

POINT

寫出各項工作（計畫）的待辦事項與截止日。
用這份行事曆的流程，掌握整體進度。

將複數工作（計畫）的待辦事項與截止日整理在同一頁上，從中觀察「下週會特別吃力」等「忙碌高峰期」。如此一來，就能先下手為強，藉此調整下週的進度。這麼做可減輕被工作「追得喘不過氣」的感覺，擺脫壓力，並主導工作進度。

詳情請參考第97頁。

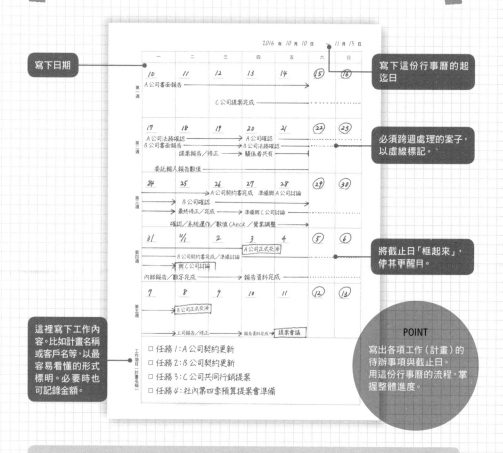

年　月　日　～　月　日

	一	二	三	四	五	六	日
第一週							
第二週							
第三週							
第四週							
第五週							
工作項目（計畫名稱）	□ □ □ □						

※以140%大小列印，即為A4尺寸。

本週計畫

便利貼的位置

本週工作

部下的待辦事項

Good job! Have a nice weekend!